高等职业教育工业机器人技术专业系列教材

Industrial Robots

# 工业机器人
## 现场编程
### (ABB)

田贵福　林燕文　主编

王　薇　陈南江　眭耀文　参编

机械工业出版社

CHINA MACHINE PRESS

本书对 ABB 工业机器人的使用与操作进行了详细介绍。主要内容有工业机器人系统构成、工业机器人手动操作、坐标系的设置、机器人编程控制、机器人参数设定及程序管理。通过详细的图解实例对 ABB 工业机器人的操作、编程相关的方法与功能进行讲述，让读者了解与操作和编程作业相关的每一项具体操作方法，从而使读者对 ABB 工业机器人的软、硬件方面有一个全面的认识。本书内容安排由浅入深、循序渐进。

本书既适合作为中、高职院校工业机器人技术、机电一体化技术和电气自动化技术等专业的教材或企业的培训用书，也可作为高职院校相关专业学生的实践选修课教材，同时可供工业机器人工程技术人员参考阅读。

为方便教学，本书引入现代信息技术，并配套有数字课程网站，在书中的关键知识点和技能点插入了二维码，可通过手机、平板电脑等移动工具随扫随学。

**图书在版编目（CIP）数据**

工业机器人现场编程：ABB / 田贵福，林燕文主编 . —北京：机械工业出版社，2017.5（2025.1 重印）

高等职业教育工业机器人技术专业系列教材

ISBN 978-7-111-56990-9

Ⅰ . ①工… Ⅱ . ①田… ②林… Ⅲ . ①工业机器人 – 程序设计 – 高等职业教育 – 教材 Ⅳ . ① TP242.2

中国版本图书馆 CIP 数据核字 (2017) 第 126013 号

机械工业出版社（北京市百万庄大街 22 号 邮政编码 100037）

策划编辑：薛 礼 责任编辑：薛 礼

责任校对：郑 婕 封面设计：马精明

责任印制：张 博

北京建宏印刷有限公司印刷

2025 年 1 月第 1 版第 13 次印刷

184mm×260mm · 13 印张 · 265 千字

标准书号：ISBN 978-7-111-56990-9

定价：44.00 元

电话服务 网络服务

客服电话：010-88361066 机 工 官 网：www.cmpbook.com

010-88379833 机 工 官 博：weibo.com/cmp1952

010-68326294 金 书 网：www.golden-book.com

**封底无防伪标均为盗版** 机工教育服务网：www.cmpedu.com

# 前言 PREFACE

工业机器人是 20 世纪 60 年代在自动操作机基础上发展起来的一种能模仿人的某些动作和控制功能，并按照可变的预定程序、轨迹及其他要求操作工具，实现多种操作的自动化机械系统。工业机器人代替生产工人出色地完成着极其繁重、复杂、精密或者充满着危险的各种各样的工作。它综合精密机械、控制传感和自动控制技术等领域的最新成果，在工厂自动化和柔性生产系统中起着关键的作用，并已经广泛应用到工农业生产、航天航空和军事技术等各个领域。而 ABB 机器人作为世界领先的机器人制造商，掌握其应用、编程操作对促进工业发展有着极其重要的作用。

本书遵循"项目任务式驱动、知识技能型学习为主线"，依据任务复杂程度，按照"由浅入深"的原则设置一系列学习单元，引领技术知识、实验实训，并嵌入职业核心能力知识点，改变知识与实验实训相剥离的传统教材组织方式，为学生提供完成工作任务过程中学习相关知识、发展综合职业能力的学习工具。本书以 ABB 工业机器人的操作与编程作为项目主线，便于教师采用项目教学法引导学生展开自主学习，掌握、建构和内化知识与技能，强化学生自我学习能力的培养。

本书由大庆职业学院、北京华航唯实机器人科技有限公司、石家庄职业技术学院、湖南省衡东县职业中等专业学校等单位联合开发。大庆职业学院田贵福和林燕文担任主编并统稿。参加编写的有田贵福（模块一、模块二）、林燕文（模块三、模块四）、陈南江（模块五），石家庄职业技术学院王薇、湖南省衡东县职业中等专业学校眭耀文参与了本书部分内容的编写工作。

由于作者水平有限，书中遗漏之处在所难免，欢迎各位读者批评指正。

在编写过程中，作者参阅了大量国内外相关资料，在此向原作者表示衷心的感谢。

编　者

# 目录 CONTENTS

# 模块一 MODULE 1 工业机器人系统构成

## 项目一　初识工业机器人系统

【知识点】

◎ 工业机器人的分类方法
◎ 工业机器人的功能
◎ 工业机器人的系统组成

【技能点】

◎ 能够识别工业机器人系统的组成
◎ 能够识别工业机器人的六个轴
◎ 能够识别 ABB 工业机器人的常见型号

## 任务一　认识工业机器人的分类及功能

【任务描述】

在认识工业机器人在新兴产业中作用的基础上，了解常用工业机器人的分类方法及适用领域。

【知识学习】

工业机器人对新兴产业的发展和传统产业的转型都起着至关重要的作用，越来越广泛地应用于各行各业，随着工业机器人市场的日益火爆，其种类也是花样百出。关于工业机器人的分类，国际上并没有制定统一的标准，有的按负载重量分，有的按控制方式分，有的按结构分，有的按应用领域分，按工业机器人的发展等级分类见表 1-1。

表 1-1　工业机器人的分类

| 工业机器人种类 | 说　明 |
| --- | --- |
| 操作型工业机器人 | 能自动控制，可重复编程，多功能，有几个自由度，可固定或运动，用于相关自动化系统中 |
| 程控型工业机器人 | 按预先的要求及顺序条件，依次控制工业机器人的机械动作 |
| 示教再现型工业机器人 | 通过引导或其他方式，先教会工业机器人动作，输入工作程序，工业机器人则自动重复进行作业 |
| 数控型工业机器人 | 不必使工业机器人动作，通过数值、语言等对工业机器人进行示教，工业机器人根据示教后的信息进行作业 |
| 感觉控制型工业机器人 | 利用传感器获取的信息控制工业机器人的动作 |
| 适应控制型工业机器人 | 工业机器人能适应环境的变化，控制其自身的行动 |
| 学习控制型工业机器人 | 工业机器人能"体会"工作的经验，具有一定的学习功能，并将所"学"的经验用于工作中 |
| 智能工业机器人 | 以人工智能决定其行动的工业机器人 |

工业机器人按结构形式可分为两大类：串联机器人与并联机器人。

串联机器人是开式运动链，它是由一系列连杆通过转动关节或移动关节串联而成的。关节由驱动器驱动，关节的相对运动导致连杆的运动，使手爪到达一定的位姿。图 1-1 所示为六关节机器人。

教学视频：
工业机器人的
分类——按结
构形式分类

图 1-1　六关节机器人

并联机器人可以定义为：动平台和定平台通过至少两个独立的运动链相连接，机构具有两个或两个以上的自由度，且以并联方式驱动的一种闭环机器人，图 1-2 所示为 IRB 360 FlexPicker 并联机器人。

教学视频：
工业机器人的
分类——按用
途分类

图 1-2　IRB 360 FlexPicker 并联机器人

工业机器人就是面向工业领域的多关节机械手或多自由度机器人。其按用途可以分为搬运机器人、喷涂机器人、焊接机器人和装配机器人等。

### 1. 搬运机器人

这种机器人用途很广，一般只需点位控制，即被搬运零件无严格的运动轨迹要求，只要求始点和终点位姿准确。如机床上用的上下料机器人，工件堆垛机器人，注塑机配套用的机械等，图1-3所示为 **ABB IRB 6620LX** 机器人，用于机器管理和物料搬运。

图1-3 ABB IRB 6620LX 机器人

### 2. 喷涂机器人

这种机器人多用于喷漆生产线上，重复位姿精度要求不高。但由于漆雾易燃，一般采用液压驱动或交流伺服电动机驱动，图1-4所示为 **ABB IRB 52** 喷涂机器人，广泛应用于各行业中小零部件的喷涂。

图1-4 ABB IRB 52 喷涂机器人

### 3. 焊接机器人

这是目前使用最多的一类机器人，它又可分为点焊机器人和弧焊机器人两类，图1-5所示为 **ABB IRB1410** 焊接机器人。

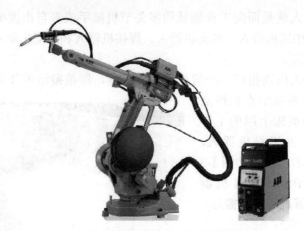

图 1-5　ABB IRB 1410 焊接机器人

### 4. 装配机器人

这类机器人要有较高的位姿精度，手腕具有较大的柔性。目前大多用于机电产品的装配作业，图 1-6 所示为 ABB IRB 360 装配机器人。

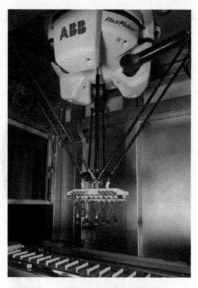

图 1-6　ABB IRB 360 装配机器人

## 任务二　认识工业机器人的系统组成

【任务描述】

在简单认识工业机器人结构的基础上，了解常用工业机器人的系统构成，能够识别工业机器人系统的基本组成部分。

【知识学习】

工业机器人由机器人本体、示教器、示教器通信缆、机器人控制器、数据交换电缆、电动机驱动电缆和电源供电电缆组成，如图1-7所示。

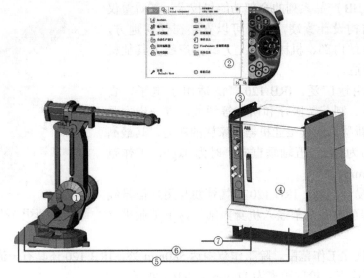

图1-7　工业机器人的系统组成

1—机器人本体　2—示教器　3—示教器通信缆　4—机器人控制器　5—数据交换电缆
6—电动机驱动电缆　7—电源供电电缆

# 项目二　认识 ABB 工业机器人

【知识点】

◎ ABB 工业机器人的发展
◎ ABB 工业机器人常用型号的特点及应用领域

【技能点】

◎ 识别 ABB 工业机器人的常用型号
◎ 根据用途选择合适的 ABB 工业机器人型号

【任务描述】

能够识别常用 ABB 工业机器人的型号、特点和应用领域。

【知识学习】

（1）ABB IRB 120　IRB 120 是 ABB 新型第四代工业机器人家族的最新成员，也是迄今为止 ABB 制造的最小的工业机器人（图1-8），主要应用在物流搬运和装配等方面。

录像视频：
ABB工业机
器人介绍

1）紧凑轻量。作为ABB目前最小的工业机器人，IRB 120在紧凑空间内凝聚了ABB产品系列的全部功能与技术。其质量仅25kg，结构设计紧凑，几乎可以安装在任何地方，比如工作站内部、机械设备上方或生产线上其他机器人的旁边。

2）用途广泛。IRB 120广泛适用于电子、食品、饮料、制药、医疗和研究等领域，进一步增强了ABB新型第四代工业机器人家族的实力，其最高承重能力为3kg（五轴垂直向下时为4kg），工作范围达580mm。

3）易于集成。IRB 120空气管线与用户信号线缆从底脚至手腕全部嵌入机身内部，易于工业机器人集成。

图1-8　IRB 120机器人

4）优化工作范围。除工作范围达580mm外，IRB 120还具有一流的工作流程，底座下方拾取距离为112mm。IRB 120采用对称结构，第一轴无外凸，回转半径极小，可靠近其他设备安装，纤细的手腕进一步增强了手臂的可达性。IRB 120配备轻型铝合金伺服电动机，结构轻巧、功率强劲，可实现工业机器人高速度运行，在任何应用中都能确保优异的精准度和敏捷性。

（2）ABB IRB 1410　IRB 1410工业机器人主要应用于弧焊、装配、物料搬运和涂胶等方面，其性能卓越，经济效益高，如图1-9所示。

1）可靠性好，坚固耐用。IRB 1410以其坚固可靠的结构而著称，而由此带来的其他优势是噪声小，例行维护间隔时间长，使用寿命长。

图1-9　IRB 1410工业机器人

2）使用范围广。IRB 1410的精度达0.05mm，确保了出色的工作质量。该工业机器人工作范围大、到达距离长（最长1.44m）、结构紧凑、手腕极为纤细，即使在条件苛刻、限制颇多的场合，仍能实现高性能操作。承重能力为5kg，上臂可承受18kg的附加载荷。

3）高速，较短的工作周期。机器人本体坚固，配备快速精准的IRC5控制器，可有效缩短工作周期，提高生产率。

4）专为弧焊设计。采用优化设计，设送丝机走线安装孔，为机械臂搭载工艺设备提供了便利。标准IRC5机器人控制器内置各项人性化弧焊功能，可通过示教器进行操控。

（3）ABB IRB 1600ID　IRB 1600ID工业机器人主要应用于弧焊。该机器人线缆包括供应弧焊所需的全部介质，包括电源、焊丝、保护气和压缩气体，如图1-10所示。

1）提高电缆寿命预测精准度。工业机器人背负的线缆发生故障是生产线意外停产的常见原因之一。而采用 IRB 1600ID 可将此类停产现象减少到最低限度。线缆装嵌于机器人上臂内，通过对一定工作节拍内的电缆动作情况进行分析，就可以精确预测出电缆的使用寿命。

2）扩大工作范围。工业机器人背负线缆的集成式设计使工业机器人占据的外部空间尺寸相对变小，当机器人工作的焊接夹具形状结构十分复杂时，这种设计就相当于增加了机器人实际的工作

图 1-10　IRB 1600ID 机器人

范围，该机器人设计的另一大亮点是，当机器人一旦与夹具发生碰撞时，可确保内嵌的线缆安然无恙。

3）简化编程。传统工业机器人的编程不可避免地会遇到"盲点"，因为机器人背负的线缆暴露于外，运动路线难以预测，程序员必须运用想象力才能确保附件在作业中不与其他物体发生碰撞和干扰。而 IRB 1600ID 的编程全无上述顾虑。

4）延长电缆寿命。工业机器人背负的线缆内嵌于工业机器人上臂，可减少电缆摆动，从而延长电缆及电缆护套的使用寿命。

（4）ABB IRB 360　IRB 360 主要应用于装配、物料搬运、拾料和包装等方面，是实现高精度拾放料作业的第二代工业机器人解决方案。它具有操作速度快、有效载荷大、占地面积小等特点，如图 1-11 所示。

录像视频：
ABB 工业机器人介绍

图 1-11　IRB 360 机器人

IRB 360 包括四个系列：紧凑型，拾料范围为 800mm，可最大限度地节省生产空间，并能轻松集成到机械设备及生产线中，广泛应用于各类包装应用；标准型，相同性能，拾料范围更大，为 1130mm；高载荷型，相同性能，载荷可达 3kg；长臂型，载荷为 1kg，拾料范围可达 1600mm。

# MODULE 2

# 模块二 工业机器人手动操作

## MODULE 2

# 工业机器人手动操作

## 项目一 认识工业机器人安全知识

【知识点】

◎ 工业机器人操作安全知识

◎ 工业机器人集中运行模式下的安全提示

【技能点】

◎ 能够安全规范地操作工业机器人

◎ 紧急情况下的处理措施

教学视频：机器人操作注意事项

【任务描述】

了解工业机器人在操作过程中的注意事项以及不同运动模式下的操作提示，能够在紧急情况下做出相应处理。

【知识学习】

在开启工业机器人之前，请仔细阅读工业机器人光盘里的产品手册，并务必阅读产品手册里的安全章节里的全部内容。请在熟练掌握设备知识、安全信息以及注意事项后，再操作工业机器人。

⚠ 记得关闭总电源

在进行工业机器人的安装、维修和保养时切记要将总电源关闭。带电作业可能会产生致命性后果。如果不慎遭高压电击，可能会导致心跳停止、烧伤或其他严重伤害。

在得到停电通知时，要预先关断工业机器人的主电源及气源。

当突然停电后，要在来电之前预先关闭工业机器人的主电源开关，并及时取下夹具上的工件。

⚠ 与工业机器人保持足够安全距离

在调试与运行工业机器人时，它可能会执行一些意外的或不规范的运动，而且所有的运动都会产生很大的力量，会严重伤害个人或损坏工业机器人工作范围内的任何设备。所以时刻警惕与工业机器人保持足够的安全距离。

**静电放电危险**

ESD（静电放电）是电势不同的两个物体间的静电传导，它可以通过直接接触传导，也可以通过感应电场传导。当搬运部件或部件容器时，未接地的人员可能会传递大量的静电荷。这一放电过程可能会损坏敏感的电子设备。所以在有此标识的情况下，要做好静电放电防护。

**紧急停止**

紧急停止优先于任何其他工业机器人控制操作，它会断开工业机器人电动机的驱动电源，停止所有运转部件，并切断由工业机器人系统控制且存在潜在危险的功能部件的电源。当出现下列情况时请立即按下紧急停止按钮：

1）当工业机器人运行时，工作区域内有工作人员。

2）工业机器人伤害了工作人员或损伤了机器设备。

**灭火**

当发生火灾时，在确保全体人员安全撤离后再进行灭火，应先处理受伤人员。当电气设备（例如工业机器人或控制器）起火时，使用二氧化碳灭火器，切勿使用水或泡沫。

**工作中的安全**

工业机器人速度慢，但是很重，并且力度很大。运动中的停顿或停止都会产生危险。即使可以预测运动轨迹，但外部信号有可能改变操作，会在没有任何警告的情况下，产生预想不到的运动。因此，当进入保护空间时，务必遵循所有的安全条例。

1）如果在保护空间内有工作人员，请手动操作机器人系统。

2）当进入保护空间时，请准备好示教器，以便随时控制机器人。

3）注意旋转或运动的工具，例如切削工具，确保在接近机器人之前这些工具已经停止运动。

4）注意工件和机器人系统的高温表面。机器人电动机长期运转后温度很高。

5）注意夹具并确保夹好工件。如果夹具打开，工件会脱落并导致人员伤害或设备损坏。夹具非常有力，如果不按照正确方法操作，也会导致人员伤害。当机器人停机时，夹具上不应置物，必须空机。

6）注意液压、气压系统以及带电部件。即使断电，这些电路上的残余电量也很危险。

**示教器的安全**

示教器是一种高品质的手持式终端，它配备了高灵敏度的一流电子设备。为避免操作不当引起的故障或损害，操作时应注意以下几点：

1）小心操作。不要摔打、抛掷或重击，这样会导致设备破损或故障。在不使用示教器时，将它挂到专门的支架上，以防意外掉落。

2）使用和存放时，应避免踩踏示教器电缆。

3）切勿使用锋利的物体（例如螺钉、刀具或笔尖）操作触摸屏，以免触摸屏受损。应用手指或触摸笔去操作示教器触摸屏。

4）定期清洁触摸屏。灰尘和小颗粒可能会挡住屏幕造成故障。

5）切勿使用溶剂、洗涤剂或擦洗海绵清洁示教器，使用软布蘸少量水或中性清洁剂清洁。

6）没有连接 USB 设备时，务必盖上 USB 端口的保护盖。如果端口暴露到灰尘中，那么它可能会中断或发生故障。

⚠ 手动模式下的安全

在手动减速模式下，工业机器人只能减速操作。只要在安全保护空间之内工作，就应始终以手动速度进行操作。

在手动全速模式下，工业机器人以程序预设速度移动。手动全速模式应仅用于所有人员都处于安全保护空间时，而且操作人员必须经过特殊训练，熟知潜在的危险。

⚠ 自动模式下的安全

自动模式用于在生产中运行工业机器人程序。在自动模式下，常规模式停止（GS）机制、自动模式停止（AS）机制和上级停止（SS）机制都将处于活动状态。

# 项目二　使用机器人示教器

【知识点】

◎ 示教器的组成
◎ 示教器的界面功能

【技能点】

◎ 机器人开关机操作
◎ 示教器的功能设置
◎ ABB 机器人常用信息和日志的查看
◎ ABB 机器人的手动操作
◎ ABB 机器人转数计数器的更新操作
◎ 机器人系统的重启

技能实操视频：
工业机器人工作站的开关机和重启

## 任务一　学习机器人开关机操作

【任务描述】

在了解 ABB 工业机器人基本构成的基础上，按照步骤正确地进行开关机操作。

【知识学习】

工业机器人系统必须始终装备相应的安全设备，如隔离防护装置（防护栅、门等）、紧急停止按钮、失知制动装置、轴范围限制装置等。

ABB 工业机器人及工作站的安全防护装置如图 2-1 所示。在安全防护装置不完善的情况下，运行机器人系统可能造成人员受伤或财产损失，所以在防护装置被拆下或关闭的情况下，不允许运行机器人系统。

防护栏是机器人工作时不可缺少的隔离装置。它的作用是防止非机器人操作人员或参观人员进入机器人工作范围内，造成人员损伤或财产损失，操作人员不小心误将机器人冲破防护栏对人员造成损伤时，可起到警示作用。

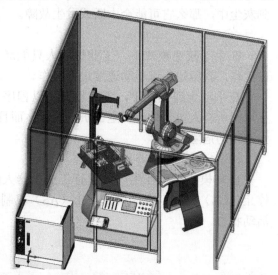

图 2-1　ABB 工业机器人及工作站的安全防护装置

工业机器人实际操作的第一步就是开机，只要将机器人控制柜上的总电源旋钮顺时针从"OFF"扭转到"ON"即可。

当完成机器人操作或维修时，需要关闭机器人系统。关闭机器人系统，只需将机器人控制柜上的总电源旋钮逆时针从"ON"扭转到"OFF"即可，如图2-2所示。

图 2-2　启动和关闭机器人系统

## 任务二　初识示教器

【任务描述】

认识 ABB 工业机器人示教器的基本结构，了解示教器操作界面的常用功能以及使能器按钮的功能与使用方法。

【知识学习】

1. 示教器介绍

示教器是进行工业机器人的手动操纵、程序编写、参数配置以及监控用的手持装置，也是操作者最常打交道的控制装置。图2-3所示为示教器的组成。

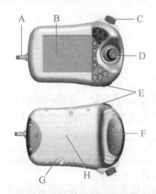

图 2-3　示教器的组成

A—连接电缆　B—触摸屏　C—急停按钮　D—手动操纵杆
E—数据备份用 USB 接口　F—使能器按钮　G—触摸屏用笔　H—示教器复位按钮

教学视频：
初识 ABB 示教器

对于惯用手为右手的人来说，左手握示教器，四指按在使能器按钮上，右手进行屏幕和按钮的操作，如图2-4所示。

图 2-4　示教器的握持方法

2. 示教器的操作

（1）操作界面　ABB 工业机器人示教器的操作界面包含了机器人参数设置、机器人编程及系统相关设置等功能。比较常用的选项包括输入输出、手动操纵、程序编辑器、程序数据、校准和控制面板，操作界面如图 2-5 所示。各选项说明见表 2-1。

图 2-5　操作界面

表 2-1　操作界面各选项说明

| 选项名称 | 说　　明 |
|---|---|
| HotEdit | 程序模块下轨迹点位置的补偿设置窗口 |
| 输入输出 | 设置及查看 I/O 视图窗口 |
| 手动操纵 | 动作模式设置、坐标系选择、操纵杆锁定及载荷属性的更改窗口<br>也可显示实际位置 |
| 自动生产窗口 | 在自动模式下，可直接调试程序并运行 |
| 程序编辑器 | 建立程序模块及例行程序的窗口 |
| 程序数据 | 选择编程时所需程序数据的窗口 |
| 备份与恢复 | 可备份和恢复系统 |
| 校准 | 进行转数计数器和电动机校准的窗口 |
| 控制面板 | 进行示教器的相关设定 |
| 事件日志 | 查看系统出现的各种提示信息 |
| 资源管理器 | 查看当前系统的系统文件 |
| 系统信息 | 查看控制器及当前系统的相关信息 |

（2）控制面板　ABB 工业机器人的控制面板包含了对机器人和示教器进行设定的相关功能，如图 2-6 所示。各选项说明见表 2-2。

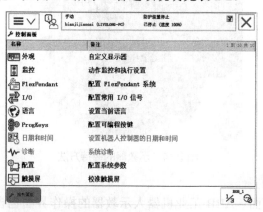

图 2-6　控制面板

表2-2　控制面板各选项说明

| 选项名称 | 说　明 |
| --- | --- |
| 外观 | 可自定义显示器的亮度和设置左手或右手的操作习惯 |
| 监控 | 动作碰撞监控设置和执行设置 |
| FlexPendant | 示教器操作特性的设置 |
| I/O | 配置常用 I/O 列表，在输入输出选项中显示 |
| 语言 | 控制器当前语言的设置 |
| ProgKeys | 为指定输入输出信号配置快捷键 |
| 日期和时间 | 控制器日期和时间的设置 |
| 诊断 | 创建诊断文件 |
| 配置 | 系统参数设置 |
| 触摸屏 | 触摸屏重新校准 |

### 3. 使能器按钮的功能与使用

使能器按钮是工业机器人为保证操作人员人身安全而设置的。只有在按下使能器按钮，并保持在电动机开启的状态，才可对机器人进行手动的操作与程序的调试。当发生危险时，操作人员会本能地将使能器按钮松开或按紧，则机器人会马上停下来，保证安全。

使能器按钮分为两档，在手动状态下第一档按下去，机器人将处于电动机开启状态。第二档按下去以后，机器人又处于防护装置停止状态。

# 任务三　设置机器人示教器

【任务描述】

在了解示教器操作面板常用功能的基础上，能够对示教器的语言以及机器人系统的时间进行设置。

【知识学习】

### 1. 示教器的语言设置

当示教器出厂时，默认的显示语言为英语。为了方便操作，下面介绍把显示语言设定为中文的操作步骤。

1）单击"ABB"按钮→单击"Control Panel"，如图 2-7 所示。

录像视频：
示教器的设置

图 2-7　单击"Control Panel"

2）单击"Language"，如图 2-8 所示。

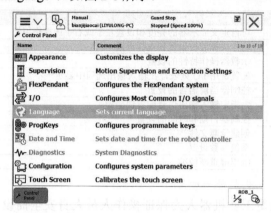

图 2-8　单击"Language"

3）单击"Chinese"，如图 2-9 所示。

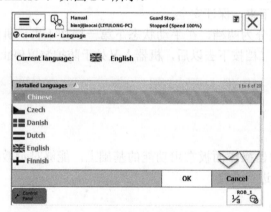

图 2-9　单击"Chinese"

4）单击"Yes"按钮，系统重启，如图 2-10 所示。

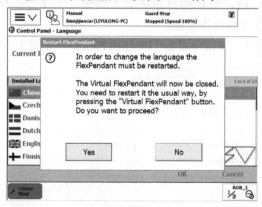

图 2-10　单击"Yes"

5）重启后，单击"ABB"按钮就能看到菜单已切换成中文界面，如图 2-5 所示。

2. 机器人系统的时间设置

为了方便进行文件和故障的查阅与管理，在进行各种操作之前要将机器人系统的时间设定为本地时区的时间，具体操作步骤如下：

1）单击"ABB"按钮，如图 2-5 所示。

2）单击"控制面板"，单击"日期和时间"，进行时间和日期的修改，如图 2-6 所示。

# 任务四　查看 ABB 工业机器人的常用信息和日志

【任务描述】

认识查看工业机器人常用信息的适用环境，了解 ABB 工业机器人常用信息和日志的查看方法。

【知识学习】

可以通过示教器界面上的状态栏进行 ABB 工业机器人常用信息的查看。通过这些信息就可以了解到机器人当前所处的状态及一些存在的问题。

1）机器人的状态：有手动、全速手动和自动三种状态。

2）机器人系统信息。

3）机器人电动机状态，如果使能器按钮第一档按下会显示电动机开启，松开或第二档按下会显示防护装置停止。

4）机器人程序运行状态，显示程序的运行或停止。

5）当前机器人或外轴的使用状态。

在示教器的操作界面上单击图 2-11 所示窗口的状态栏，就可以查看机器人的事件日志，会显示出操作机器人进行的事件的记录，包括时间日期等，以方便为分析相关事件提供准确的时间，如图 2-12 所示。

教学视频：机器人常用信息与时间日志的查看

图 2-11　示教器主界面

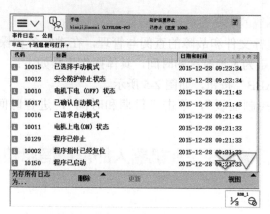

图 2-12　工业机器人事件日志<sup>⊖</sup>

# 任务五　手动操纵 ABB 工业机器人

## 【任务描述】

手动操纵工业机器人运动有三种模式：单轴运动、线性运动和重定位运动。了解每种运动模式下，手动操纵工业机器人的方法。

## 【知识学习】

### 1.单轴运动的手动操纵

一般地，ABB 工业机器人通过六个伺服电动机分别驱动机器人的六个关节轴，每次手动操纵一个关节轴的运动，就称为单轴运动。图 2-13 所示为六轴工业机器人 1~6 轴对应的关节示意图。单轴运动是每一个轴可以单独运动，所以在一些特别的场合使用单轴运动来操纵会很方便快捷。例如，在进行转数计数器更新时，可以用单轴运动的手动操纵；机器人出现机械限位和软件限位，也就是超出移动范围而停止时，可以利用单轴运动的手动操纵，将机器人移动到合适的位置。相比其他手动操纵模式，使用单轴运动进行粗略的定位和比较大幅度的移动会方便快捷很多。

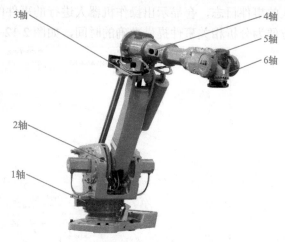

图 2-13　六轴工业机器人 1~6 轴对应的关节示意图

以下是手动操纵单轴运动的方法：

---

⊖　本书图中电机均指电动机。

1）将机器人控制柜上"机器人状态钥匙"切换到中间的手动限速状态，如图 2-14 所示。

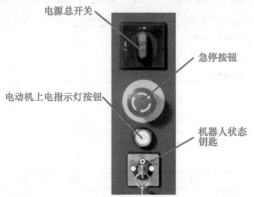

图 2-14　机器人状态钥匙

2）在状态栏中，确认机器人的状态已经切换为"手动"。如图 2-11 所示，机器人当前为手动状态。

3）单击"ABB"按钮，单击"手动操纵"，如图 2-15 所示。

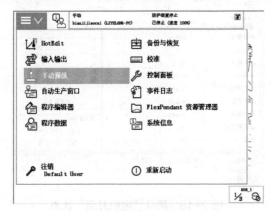

图 2-15　单击"手动操纵"

4）单击"动作模式"，如图 2-16 所示。

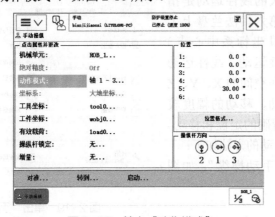

图 2-16　单击"动作模式"

5）单击"轴1-3"，然后单击"确定"，就可以对轴1-3进行操作，如图2-17所示；选中"轴4-6"，然后单击"确定"，就可以对轴4-6进行操作。

图2-17 单击"轴1-3"

6）按下使能器按钮，并在状态栏中确认已正确进入"电机⊖开启"状态；手动操纵机器人控制手柄，完成单轴运动，如图2-18所示。

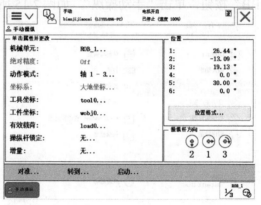

图2-18 确认"电机开启"状态

## 2.线性运动的手动操纵

工业机器人的线性运动是指安装在机器人第六轴法兰盘上工具的TCP（工具坐标系中心点）在空间中做线性运动。线性运动是工具的TCP在空间的X、Y、Z方向的线性运动，移动的幅度较小，适合较为精确的定位和移动。手动操纵线性运动的方法如下：

1）单击"手动操纵"，如图2-19所示。

图2-19 单击"手动操纵"

⊖ 本书与图对应的电机不改为电动机，但其均指电动机。

2）单击"动作模式"，如图 2-20 所示。

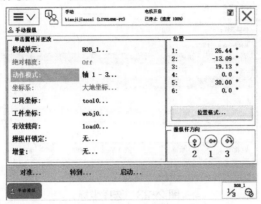

图 2-20　单击"动作模式"

3）单击"线性"模式，然后单击"确定"，如图 2-21 所示。

图 2-21　单击"线性"模式

4）单击"工具坐标"，机器人的线性运动要在"工具坐标"中指定对应的工具，如图 2-22 所示。

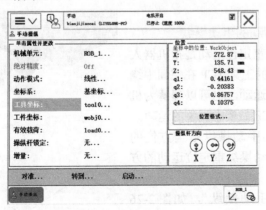

图 2-22　单击"工具坐标"

5）单击对应的工具"tool1"，然后单击"确定"，如图 2-23 所示。

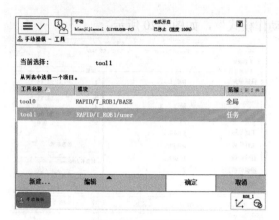

图 2-23　选择坐标

6）按下使能器按钮，并在状态栏中确认已正确进入"电机开启"状态；手动操作工业机器人控制手柄，完成轴 X、Y、Z 方向的线性运动，如图 2-24 所示。

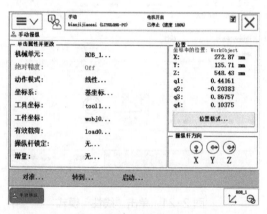

图 2-24　确认"电机开启"状态

7）操纵示教器上的操纵杆，工具的 TCP 在空间中做线性运动，如图 2-25 所示。

### 3. 重定位运动的手动操纵

工业机器人重定位运动是指机器人第六轴法兰盘上的工具 TCP 在空间中绕着坐标轴旋转的运动，也可以理解为机器人绕着工具 TCP 做姿态调整的运动。

重定位运动手动操纵是全方位的移动和调整。手动操纵重定位运动的方法如下：

1）单击"手动操纵"，如图 2-26 所示。

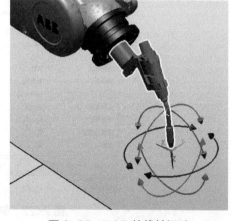

图 2-25　TCP 的线性运动

图 2-26　单击"手动操纵"

2）单击"动作模式"，如图 2-27 所示。

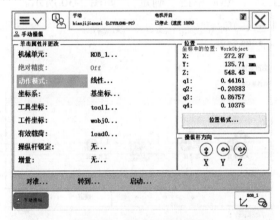

图 2-27　单击"动作模式"

3）单击"重定位"，然后单击"确定"，如图 2-28 所示。

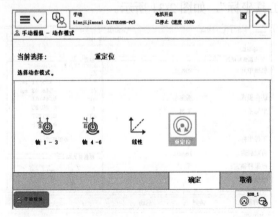

图 2-28　单击"重定位"

4）单击"坐标系"，如图 2-29 所示。

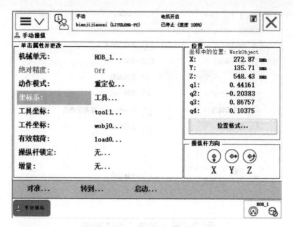

图 2-29　单击"坐标系"

5）单击"工具"，然后单击"确定"，如图 2-30 所示。

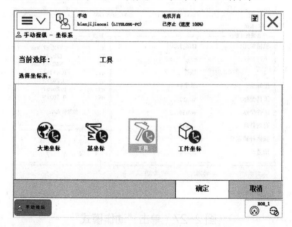

图 2-30　单击"工具"

6）单击"工具坐标"，如图 2-31 所示。

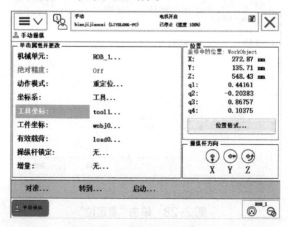

图 2-31　单击"工具坐标"

7）单击正在使用的"tool1"，然后单击"确定"，如图 2-32 所示。

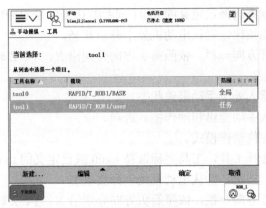

图 2-32 单击正在使用的"tool1"

8）按下使能器按钮，并在状态栏中确认已正确进入"电机开启"状态；手动操作机器人控制手柄，完成机器人绕着工具 TCP 做姿态调整的运动，如图 2-33 所示。

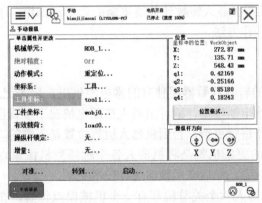

图 2-33 确认已正确进入"电机开启"状态

9）操纵示教器上的操纵杆，工具 TCP 在空间中做重定位运动，如图 2-25 所示。

【任务实施】

1. 单轴运动

1）确认机器人处于手动限速状态。

2）依次进入手动操纵和动作模式选项。

3）分别选择轴 1-3 和轴 4-6 的动作模式。

4）按下使能按钮，确认电动机处于开启状态。

5）在操纵杆方向一栏，依照箭头方向分别移动 1~6 轴。

2. 线性运动

1）确认机器人处于手动限速状态。

2）依次进入手动操纵和动作模式选项。

3）选择线性动作模式。

技能实操视频：ABB 机器人的单轴运动

技能实操视频：ABB 机器人的线性运动

4）工具坐标系选择已定义的 tool1 或者默认坐标系 tool0。

5）按下使能按钮，确认电动机处于开启状态。

6）在操纵杆方向一栏，依照箭头方向分别沿 X、Y、Z 轴移动。

### 3. 重定位运动

1）确认机器人处于手动限速状态。

2）依次进入手动操纵和动作模式选项。

3）选择重定位动作模式。

4）坐标系选择工具，工具坐标选择 tool0 或已定义的 tool1。

5）按下使能按钮，确认电动机处于开启状态。

6）在操纵杆方向一栏，依照箭头方向分别沿 X、Y、Z 轴运动。

## 任务六　更新操作 ABB 工业机器人转数计数器

【任务描述】

认识 ABB 工业机器人转数计数器更新的意义及作用，了解工业机器人转数计数器更新的操作方法。

【知识学习】

工业机器人的转数计数器用独立的蓄电池供电，用来记录各个轴的数据。如果示教器提示蓄电池没电，或者机器人在断电情况下手臂位置移动了，那么需要对转数计数器进行更新，否则机器人运行位置是不准的。

转数计数器的更新也就是将机器人各个轴停到机械原点，把各轴上的刻度线和对应的槽对齐，然后在示教器进行校准更新。

ABB 工业机器人六个关节轴都有一个机械原点位置。在以下情况下，需要对机械原点的位置进行转数计数器更新操作：

1）更换伺服电动机转数计数器蓄电池后。

2）当转数计数器发生故障，修复后。

3）转数计数器与测量板之间断开过以后。

4）断电后，机器人关节轴发生了移动。

5）当系统报警提示"10036 转数计数器更新"时。

ABB 工业机器人转数计数器的更新顺序为轴 4—5—6—1—2—3，分别通过手动操纵，按着依次顺序把机器人六个轴转到机械原点刻度位置，如图 2-34 所示。

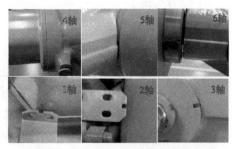

图 2-34　六个轴的机械原点刻度位置

1）单击"校准"，如图 2-35 所示。

图 2-35　单击"校准"

2）单击"ROB_1"，如图 2-36 所示。

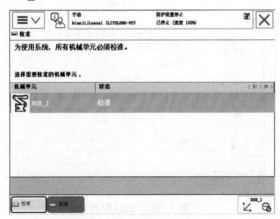

图 2-36　单击"ROB_1"

3）单击"校准参数"，如图 2-37 所示。

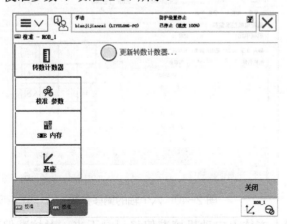

图 2-37　单击"校准参数"

4）单击"编辑电机校准偏移"，如图 2-38 所示。

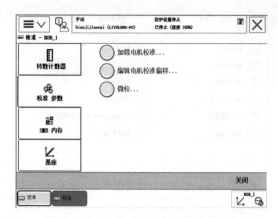

图 2-38　单击"编辑电机校准偏移"

5）在弹出对话框中单击"是"按钮，如图 2-39 所示。

图 2-39　确认更改

6）对六个轴的偏移参数进行修改，如图 2-40 所示。

图 2-40　六个轴的偏移参数

7）将机器人本体上电动机校准偏移记录下来，对校准偏移值进行修改，如图 2-41 所示。

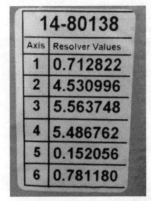

图 2-41　机器人本体上电动机校准偏移

8）在编辑电动机校准偏移中输入机器人本体上的电动机校准偏移数据，然后单击"确定"按钮，如图 2-42 所示。

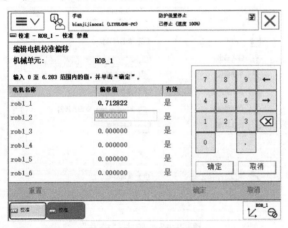

图 2-42　校准偏移值

9）输入新的校准偏移值，然后重新启动示教器，如图 2-43 所示。

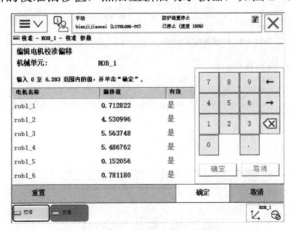

图 2-43　偏移值校准完成

10）在弹出对话框中单击"是"按钮，完成系统重启，如图 2-44 所示。

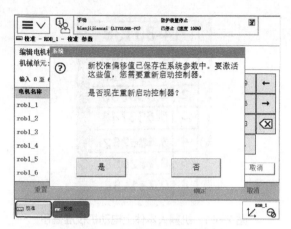

图 2-44　确认重启控制器

11）重启机器人控制器后，在示教器窗口中单击"校准"，如图2-45所示。

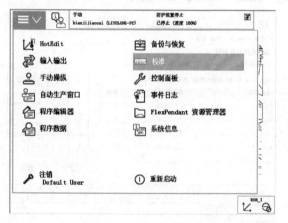

图 2-45　单击"校准"

12）单击"ROB_1"，如图2-46所示。

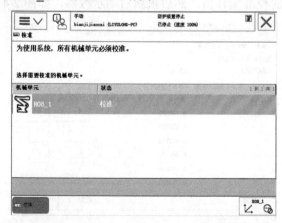

图 2-46　单击"ROB_1"

13）单击"转数计数器"，然后单击"更新转数计数器"，如图2-47所示。

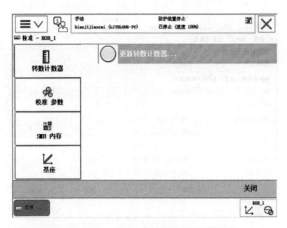

图 2-47　单击"更新转数计数器"

14）在弹出对话框中单击"是"按钮，如图 2-48 所示。

图 2-48　确认更改

15）校准完成后单击"确定"，如图 2-49 所示。

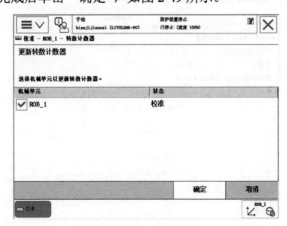

图 2-49　确定校准

16）单击"全选"并"更新"，如图 2-50 所示。

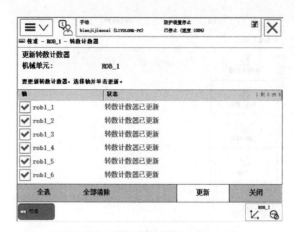

图2-50　更新转数计数器

17）在弹出窗口中单击"更新"按钮，如图2-51所示。

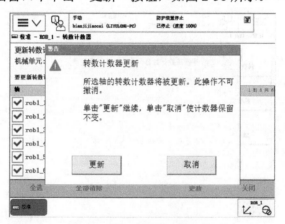

图2-51　确认"更新"

18）等待系统完成更新工作，如图2-52所示。

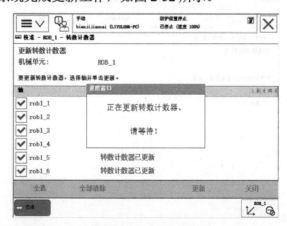

图2-52　更新完成

19）当显示"转数计数器更新已成功完成"时，单击"确定"更新完毕。

**【任务实施】**

转数计数器更新操作步骤如下：

1）将 ABB 工业机器人六个轴按照 4—5—6—1—2—3 的顺序运动到机械原点刻度位置，即预标定零点位置。

2）在 ABB 主菜单中进入校准选项界面，对机械单元 ROB_1 进行编辑。

3）依次进入校准参数、编辑电动机校准偏移选项，将工业机器人本体上的电动机偏移值分别正确填入 rob1_1 ～ rob1_6 中。

4）重新启动控制器，数据有效。

5）重新进入校准选项，依次选择转数计数器、更新转数计数器选项。

6）全部选择，对六个轴同时更新。

7）重新启动控制器，数据有效，转数计数器更新完成。

技能实操视频：转数计数器更新操作

# 任务七　重启机器人系统

**【任务描述】**

了解 ABB 工业机器人系统重启的类型，能够进行不同模式下的重新启动操作。

**【知识学习】**

工业机器人系统的重启

ABB 工业机器人系统可以长时间的进行工作，无须定期重新启动运行。但出现以下情况时需要重新启动工业机器人系统：

1）安装了新的硬件。

2）更改了工业机器人系统配置参数。

3）出现系统故障（SYSFAIL）。

4）RAPID 程序出现程序故障。

重新启动的类型包括重启、重置系统、重置 RAPID、恢复到上次自动保存的状态和关闭主计算机。各类型说明见表 2-3。

教学视频：工业机器人系统的开关机和重启

表 2-3　重新启动的各类型说明

| 重新启动类型 | 说　　明 |
| --- | --- |
| 重启 | 使用当前的设置重新启动当前系统 |
| 重置系统 | 重启并将丢弃当前的系统参数设置和 RAPID 程序，将会使用原始的系统安装设置 |
| 重置 RAPID | 重启并将丢弃当前的 RAPID 程序和数据，但会保留系统参数设置 |
| 恢复到上次自动保存的状态 | 重启并尝试回到上一次自动保存的系统状态。一般在从系统崩溃中恢复时使用 |
| 关闭主计算机 | 关闭工业机器人控制系统，应在控制器 UPS 故障时使用 |

重新启动操作步骤如下：

1）单击 ABB 按钮，单击"重新启动"，如图 2-5 所示。

2）单击"高级…"，如图 2-53 所示。

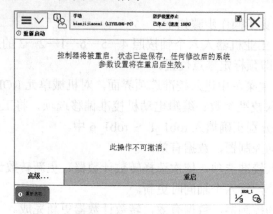

图 2-53　单击"高级 …"

3）界面显示常用的重启类型，如图 2-54 所示。

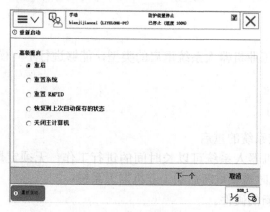

图 2-54　高级重启界面

4）以重置 RAPID 为例说明重新启动的操作：单击"重置 RAPID"，然后单击"下一个"，如图 2-55 所示。

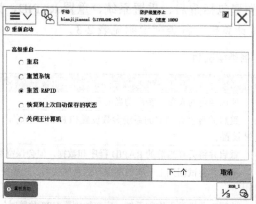

图 2-55　单击"重置 RAPID"

5）界面显示重置 RAPID 的提示信息，然后单击"重置 RAPID"，等待重新启动的完成，如图 2-56 所示。

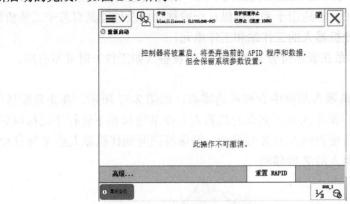

图 2-56　单击"重置 RAPID"

# 项目三　初识机器人坐标系

【知识点】

◎ 坐标系的定义
◎ 工业机器人的坐标系分类

【技能点】

◎ 能够正确识别工业机器人的坐标系
◎ 能够正确选择合适的坐标系

【任务描述】

认识坐标系的定义，了解工业机器人常用坐标系的分类以及每种坐标系的适用范围。

【知识学习】

坐标系是从一个称为原点的固定点通过轴定义的平面或空间。工业机器人目标和位置是通过沿坐标系轴的测量来定位的。

在机器人系统中可使用若干坐标系，每一坐标系都适用于特定类型的控制或编程。

1）基坐标系位于机器人基座，最便于机器人从一个位置移动到另一个位置的坐标系。

2）工件坐标系与工件有关，通常是最适于对机器人进行编程的坐标系。

3）工具坐标系定义工业机器人到达预设目标时所使用工具的位置。

4）大地坐标系可定义工业机器人单元，所有其他的坐标系均与大地坐标系直接或间接相关。它适用于手动操纵、一般移动以及处理具有若干工业机器人或外轴移动工业机器人的工作站和工作单元。

5）用户坐标系在表示持有其他坐标系的设备（如工件）时非常有用。

1. 基坐标系

基坐标系在机器人基座中有相应的零点，如图 2-57 所示。在正常配置的机器人系统中，当操作人员正向面对机器人并在基坐标系下进行手动操纵时，操纵杆向前和向后使机器人沿 X 轴移动；操纵杆向两侧使机器人沿 Y 轴移动；旋转操纵杆使机器人沿 Z 轴移动。

教学视频：坐标系的定义及机器人坐标系的分类

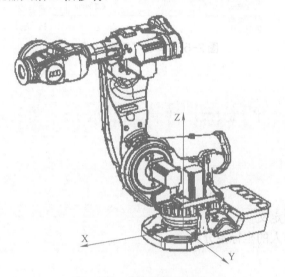

图 2-57　基坐标系的位置

2. 工件坐标系

工件坐标系对应工件，其定义位置是相对于大地坐标系（或其他坐标系）的位置，如图2-58所示。机器人可以拥有若干工件坐标系，或者表示不同工件，或者表示同一工件在不同位置的若干副本。

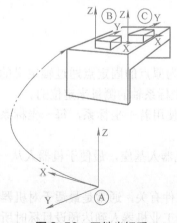

图 2-58　工件坐标系

### 3. 工具坐标系

工具坐标系将工具中心点设为零点，由此定义工具的位置和方向。工具坐标系缩写为 TCPF（Tool Center Point Frame），工具坐标系中心点缩写为 TCP（Tool Center Point）。所有工业机器人在六轴法兰盘原点处都有一个预定义工具坐标系，即 tool0。新工具坐标系的位置是预定义工具坐标系 tool0 的偏移值，如图 2-59 所示。

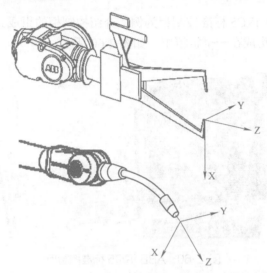

图 2-59　工具坐标系

### 4. 大地坐标系

大地坐标系在工作单元或工作站中的固定位置有相应的零点。有助于处理若干个工业机器人或有外轴移动的工业机器人。在默认的情况下，大地坐标系与基坐标系是一致的。

# 项目四　认识机器人控制柜

【知识点】

◎ 控制柜的组成
◎ 控制柜内不同模块的功能

【技能点】

◎ 能够识别控制柜与工业机器人本体的连接方式

## 任务一　认识控制柜的组成

【任务描述】

通过对控制柜内部硬件组成的认识，了解控制柜中每个模块的功能及作用。

【知识学习】

本节以 ABB IRC5 标准控制柜为例，介绍控制柜的组成。ABB IRC5 控制器的所有部件都集成在一个机柜中，如图 2-60 所示。

教学视频：
机器人控制柜
的组成

图 2-60　ABB IRC5 标准控制柜

1. 控制柜内部组成

控制柜内部由机器人系统所需部件和相关附件组成，包括主计算机、机器人驱动器、轴计算机、安全面板、系统电源、配电板、电源模块、电容、接触器接口板和 I/O 板等。

（1）DSQC 1000 主计算机　其相当于计算机的主机，用于存放系统和数据，如图 2-61 所示。

图 2-61　DSQC 1000 主计算机

（2）DSQC 668 轴计算机　DSQC 668 轴计算机用于计算工业机器人每个轴的转数，如图 2-62 所示。

图 2-62　DSQC 668 轴计算机

（3）DSQC 406 工业机器人驱动器　DSQC 406 机器人驱动器用于驱动机器人各个轴的电动机，如图 2-63 所示。

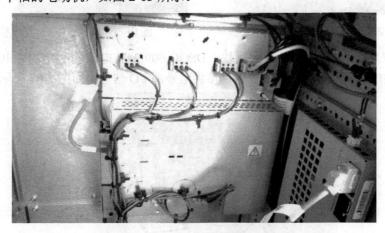

图 2-63　DSQC 406 机器人驱动器

（4）DSQC 643 安全面板　在控制柜正常工作时，安全面板上所有指示灯点亮，急停按钮可从这里接入，如图 2-64 所示。

图 2-64　DSQC 643 安全面板

（5）DSQC 661 I/O 电源板　DSQC 661 I/O 电源板给 I/O 输入、输出板提供电源，如图 2-65 所示。

（6）DSQC 662 配电板　DSQC 662 配电板给机器人各轴运动提供电源，如图 2-66 所示。

图 2-65　DSQC 661 I/O 电源板　　　　　　图 2-66　DSQC 662 配电板

（7）DSQC 609 24V 电源模块　DSQC 609 24V 电源模块给 24V 电源接口板提供电源，24V 电源接口板可直接供电外部 I/O 信号，如图 2-67 所示。

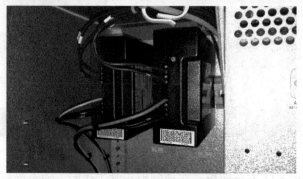

图 2-67　DSQC 609 24V 电源模块

（8）电容　电容用于工业机器人关闭电源后，保存数据后再断电，相当于延时断电开关，如图 2-68 所示。

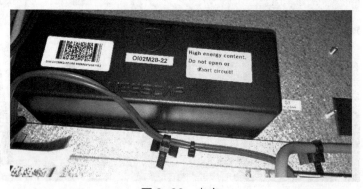

图 2-68　电容

（9）DSQC 611 接触器接口板　工业机器人 I/O 信号通过接触器接口板来控制接触器的启停，如图 2-69 所示。

图 2-69　DSQC 611 接触器接口板

（10）DSQC 651 I/O 模块　DSQC 651 I/O 模块用于外部 I/O 信号与工业机器人系统的通信连接，如图 2-70 所示。

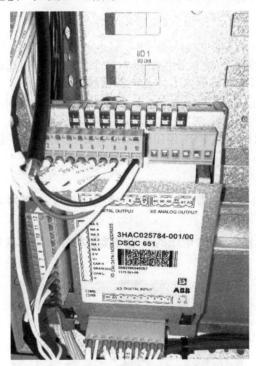

图 2-70　DSQC 651 I/O 模块

## 2. 控制柜面板

（1）面板上的按钮和开关　IRC5 控制柜面板上的按钮和开关包括机器人电源开关、急停按钮、电动机上电按钮、模式选择开关、网络接口和示教器电缆线接口，如图 2-71 所示。

（2）控制柜上电缆接口 / 接头　IRC5 控制柜下方面板出厂时基本配备的

接口包括 XS1 机器人电源接口和 XS2 机器人 SMB 连接接口，如图 2-72 所示。

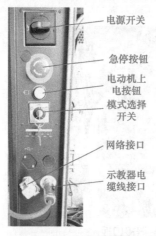

电源开关

急停按钮

电动机上
电按钮

模式选择
开关

网络接口

示教器电
缆线接口

图 2-71　控制柜面板　　　　　　图 2-72　电源接口和 SMB 连接接口

# 任务二　手动连接控制柜与机器人本体

【任务描述】

以 IRB 1410 为例，在认识控制柜中每个功能模块的基础上，了解控制柜电源以及控制柜与工业机器人本体之间的接线方式。

【知识学习】

以 ABB 工业机器人 IRB 1410 为例，介绍控制柜与工业机器人本体的连接操作。

### 1. XS1 和 XS2 的连接

工业机器人本体与控制柜之间的连接主要是 XS1 机器人动力电缆连接和 XS2 机器人 SMB 电缆连接。

1）将 XS2 机器人 SMB 电缆的一端连接到机器人本体底座接口，如图 2-73 所示。

教学视频：控
制柜与工业机
器人本体的连
接

图 2-73　SMB 电缆机器人端接法

2）将 XS2 工业机器人 SMB 电缆的另一端连接到控制柜上对应的接口，如图 2-74 所示。

图 2-74　SMB 电缆控制柜端接法

3）将 XS1 机器人动力电缆一端连接到机器人本体底座接口，如图 2-75 所示。

图 2-75　动力电缆机器人端接法

4）将 XS1 机器人动力电缆的另一端连接到控制柜上对应的接口，如图 2-76 所示。

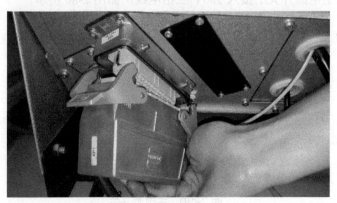

图 2-76　动力电缆控制柜端接法

**2. 主电源电缆的连接**

在控制柜门内侧，贴有一张主电源连接指引，如图 2-77 所示。ABB 工业机器人使用 380V 三相四线制，其中 IRB 120 的输入电压请查看对应的电气图。

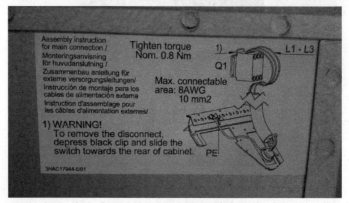

图 2-77　主电源连接指引

主电源连接操作如下：

1）将主电源电缆从控制柜下方接口穿入，如图 2-78 所示。

2）主电源电缆中的地线接入到控制柜上的接地点 PE 处，如图 2-79 所示。

图 2-78　控制柜下方接口穿入　　　　　图 2-79　接地点 PE

3）在主电源开关上接入 380V 三相电线，如图 2-80 所示。

图 2-80　主电源开关

# 模块三 坐标系的设置
## MODULE 3

# 项目一 设置工具坐标系

【知识点】

◎ 工业机器人工具坐标系的定义及常用的 TCP 设定方法
◎ 工业机器人工具负载数据的定义

教学视频:
工具数据
tooldata

【技能点】

◎ 能够进行工具坐标 TCP 的测量
◎ 能够用四点法进行工具数据 tooldata 的设定
◎ 进行工具坐标负载数据的设定

## 任务一 认识工具数据 tooldata

【任务描述】

了解工具坐标系的定义,掌握工具坐标 TCP 的测量方法及分类。

【知识学习】

工具数据 tooldata 用于描述安装在机器人第六轴上的工具坐标 TCP(工具坐标系的原点被称为 TCP,即工具中心点)、质量、重心等参数数据。tooldata 会影响机器人的控制算法(例如计算加速度)、速度与加速度监控、力矩监控、碰撞监控和能量监控等,因此机器人的工具数据需要正确设置。

一般不同的机器人应用配置不同的工具,例如弧焊机器人使用弧焊枪作为工具,而用于搬运板材的机器人使用吸盘式的夹具作为工具,如图 3-1 所示。

图 3-1　不同的机器人工具

所有工业机器人在手腕处都有一个预定义的工具坐标系，该坐标系被称为 tool10。可将一个或者多个新工具坐标系定义为 tool10 的偏移值。

默认工具（tool0）的工具中心点位于机器人安装法兰的中心，图 3-2 中标注的点就是原始的 TCP 点。当执行程序时，机器人将 TCP 移至编程位置，这意味着，如果要更改工具及工具坐标系，机器人的移动将随之更改，以便新的 TCP 到达目标。

TCP 的设定方法包括 $N$（$N \geqslant 3$）点法，TCP 和 Z 法，TCP 和 Z、X 法。

1）$N$（$N \geqslant 3$）点法。机器人的 TCP 通过 $N$ 种不同的姿态同参考点接触，得出多组解，通过计算得出当前 TCP 与机器人安装法兰中心点（Tool0）的相应位置，其坐标系方向与 Tool0 一致。

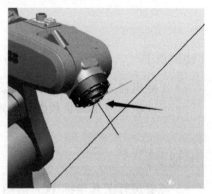

图 3-2　工具中心点

2）TCP 和 Z 法。在 $N$ 点法基础上，Z 点与参考点连线为坐标系 Z 轴的方向。

3）TCP 和 Z、X 法。在 $N$ 点法基础上，X 点与参考点连线为坐标系 X 轴的方向，Z 点与参考点连线为坐标系 Z 轴的方向。

# 任务二　设定工具数据 tooldata

## 【任务描述】

了解工具数据 tooldata 的定义，掌握工具坐标系测量的原理及方法，完成尖点工具 tool1 的坐标系测量。

## 【知识学习】

设定工具数据 tooldata 的方法通常采用 TCP 和 Z、X 法（N=4）。其设定原理如下：

1）首先在机器人工作范围内找一个非常精确的固定点作为参考点。

2）然后在工具上确定一个参考点（最好是工具的中心点）。

3）用手动操纵机器人的方法移动工具上的参考点，以四种以上不同的工业机器人姿态尽可能与固定点刚好碰上。为了获得更准确的 TCP，在以下的例子中使用六点法进行操作，第四点是用工具的参考点垂直于固定点，第五点是工具参考点从固定点向将要设定为 TCP 的 X 方向移动，第六点是工具参考点从固定点向将要设定为 TCP 的 Z 方向移动。

4）机器人通过这四个位置点的位置数据计算求得 TCP 的数据，然后 TCP 的数据就保存在 tooldata 这个程序数据中被程序进行调用。前三个点的姿态相差尽量大些，这样有利于 TCP 精度的提高。

以 TCP 和 Z、X 法（N=4）建立一个新的工具数据 tool1 的操作方法如下：

1）单击"ABB"按钮，弹出图 3-3 所示的主菜单界面。

图 3-3　主菜单界面

2）单击"手动操纵"，如图3-4所示。

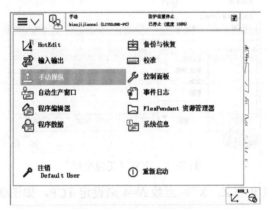

图 3-4　单击"手动操纵"

3）单击"工具坐标"，如图 3-5 所示。

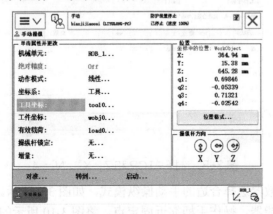

图 3-5　单击"工具坐标"

4）单击"新建"，如图3-6所示。

图3-6　新建"工具坐标"

5）选中tool1，单击"编辑"菜单中的"定义…"选项，如图3-7所示。

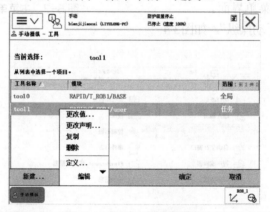

图3-7　定义"工具坐标"

6）选择"TCP和Z，X"、点数 $N$=4 来设定TCP，如图3-8所示。

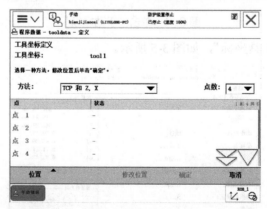

图3-8　选择"TCP和Z，X"、$N$ = 4

7）通过示教器选择合适的手动操纵模式，如图3-9所示。

8）按下使能器，操作手柄靠近固定点，将图3-10所示的机器人姿势作为第一个点，单击"修改位置"完成第一点的修改，如图3-11所示。

图3-9　选择合适的手动操纵模式

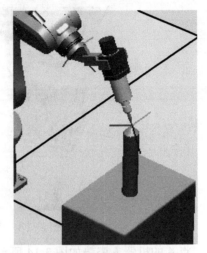

图3-10　靠近固定点

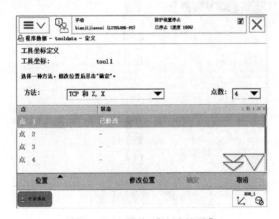

图3-11　单击"修改位置"

9）按照上面的操作依次完成对点2、3、4的修改。

点2的机器人姿势如图3-12所示。

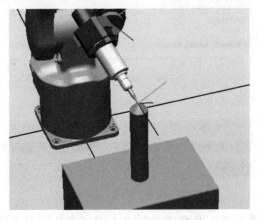

图3-12　点2的机器人姿势

点 3 的机器人姿势如图 3-13 所示。

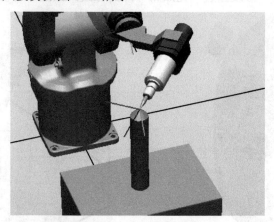

图 3-13　点 3 的机器人姿势

点 4 的机器人姿势如图 3-14 所示。

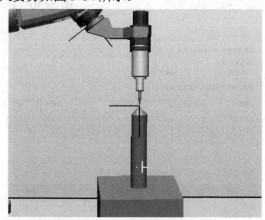

图 3-14　点 4 的机器人姿势

四个点修改完成界面如图 3-15 所示。

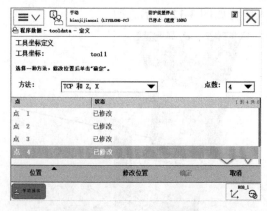

图 3-15　修改完成界面

10）操控机器人使工具参考点以点 4 的姿态从固定点移动到工具 TCP 的

+X 方向，如图 3-16 所示；如图 3-17 所示，单击"修改位置"。

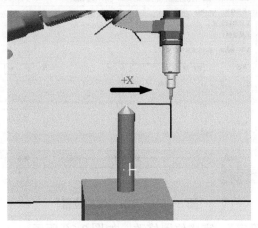

图 3-16 移动到工具 TCP 的 +X 方向

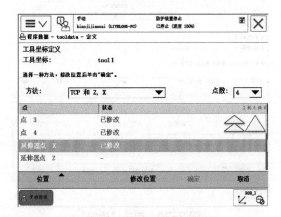

图 3-17 单击"修改位置"

11）操控机器人使工具参考点以点 4 的姿态从固定点移动到工具 TCP 的 +Z 方向，如图 3-18 所示；如图 3-19 所示，单击"修改位置"。

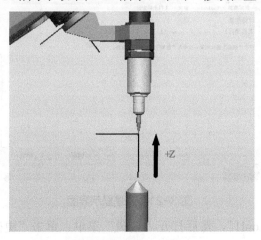

图 3-18 移动到工具 TCP 的 +Z 方向

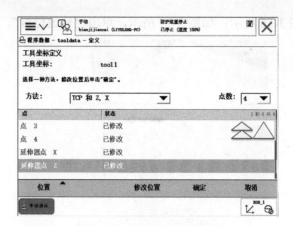

图 3-19　单击"修改位置"

12）单击"确定"，完成位置修改，如图 3-20 所示。

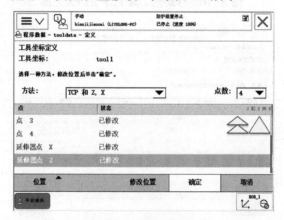

图 3-20　单击"确定"

13）查看误差，越小越好，但也要以实际验证效果为准，如图 3-21 所示。

图 3-21　误差显示界面

14）选中"tool1"，然后打开"编辑"菜单，单击"更改值"，如图 3-22 所示。

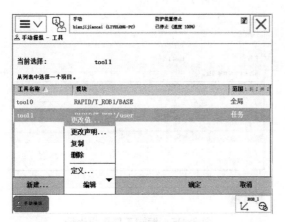

图 3-22　单击"更改值"

15）图 3-23 所示为 tool1 的更改值菜单。

图 3-23　tool1 的更改值菜单

16）单击箭头向下翻页，将 mass 的值改为工具的实际重量（单位为 kg），如图 3-24 所示。

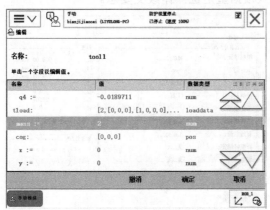

图 3-24　实际重量修改

17）编辑工具重心坐标，以实际为准最佳，如图 3-25 所示。

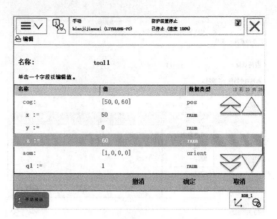

图 3-25　编辑工具重心坐标

18）单击"确定"，完成 tool1 的数据更改，如图 3-26 所示。

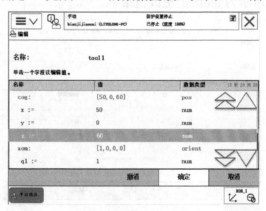

图 3-26　单击"确定"

19）按照工具重定位动作模式，把坐标系选为"工具"；工具坐标选为"tool1"，如图 3-27 所示。通过示教器操作可看见 TCP 点始终与工具参考点保持接触，而机器人根据重定位操作改变姿态。

技能实操视频：工具坐标系的设定

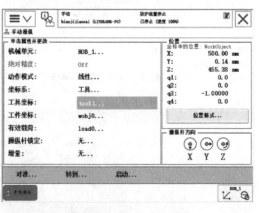

图 3-27　单击"tool1"

【任务实施】

1）采用 TCP 和 Z、X 法（N=4）设定工具坐标系 tool1。

2）依次进入 ABB 主菜单、手动操纵及工具坐标选项。

3）新建工具坐标，名称为 tool1。

4）利用 TCP 和 Z、X 法定义 tool1。

5）移动工具参考点，以四种不同的姿态靠近固定点（第四点用工具参考点垂直于固定点），并依次记录位置。

6）利用第四点的姿态，从固定点向设定的 X 方向移动，并记录位置。

7）利用第四点的姿态，从固定点向设定的 Z 方向移动，并记录位置。

8）确认修改位置，观察 tool1 的平均误差，误差值在小于 1mm 的范围即可。

# 项目二　设置工件坐标系

【知识点】

◎ 工件坐标系的定义
◎ 工件坐标系测量的意义

【技能点】

◎ 能够进行工件坐标 wobjdata 的设定
◎ 掌握工件坐标系偏移的应用

## 任务一　认识工件坐标 wobjdata

【任务描述】

以已测工件坐标系 wobj1 为参照，示教编辑三角形轨迹程序。若工件坐标系 wobj1 偏移到 wobj2，那么该轨迹的外形不变，位置却发生了改变，只需要改变工件坐标系，如图 3-28 所示。

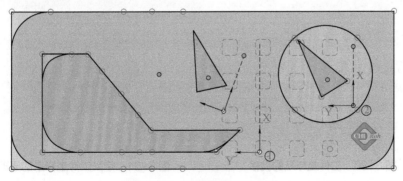

图 3-28　工件坐标系示意图

【知识学习】

工件坐标对应工件，它定义工件相对于大地坐标的位置。工业机器人可以有若干工件坐标系，或者表示不同工件，或者表示同一工件在不同位置的若干副本。

对机器人进行编程就是在工件坐标中创建目标和路径，这带来以下优点：

1) 当重新定位工作站中的工件时，只需更改工件坐标的位置，所有路径将即刻随之更新。

2) 允许操作以外部轴或传送导轨移动的工件，因为整个工件可连同其路径一起移动。

如图 3-29 所示，A 是机器人的大地坐标系，为了方便编程，给第一个工件建立了一个工件坐标 B，并在这个工件坐标 B 中进行轨迹编程。如果台子上还有一个一样的工件需要走一样的轨迹，那只需建立一个工件坐标 C，将工件坐标 B 中的轨迹复制一份，然后将工件坐标从 B 更新为 C，则无须对一样的工件进行重复轨迹编程。

如果在工件坐标 B 中对 A 对象进行了轨迹编程，当工件坐标位置变化成工件坐标 D 后，只需在机器人系统重新定义工件坐标 D，则工业机器人的轨迹就自动更新到 C，不需要再次进行轨迹编程，如图 3-30 所示。因 A 相对于 B，C 相对于 D 的关系是一样的，并没有因为整体偏移而发生变化。

教学视频：工件坐标数据 wobjdata

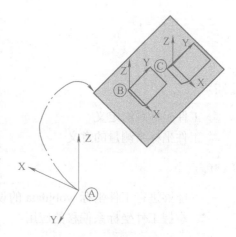

图 3-29　工件坐标系的定义

在对象的平面上，只需要定义三个点，就可以建立一个工件坐标，如图 3-31 所示。其中 X1 点确定工件的原点，X1、X2 确定工件坐标 X 正方向，Y1 确定工件坐标 Y 正方向。

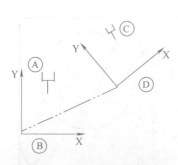

图 3-30　工件坐标系的偏移

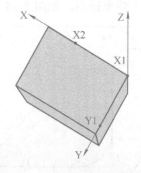

图 3-31　定义工件坐标系的原理

【任务实施】

1）利用三点法测量工件坐标系 wobj1 和 wobj2。

2）以工件坐标系 wobj1 为参照坐标系，示教编辑三角形轨迹程序。

3）将轨迹程序中每行指令的工件坐标系 wobj1 修改为 wobj2。

4）执行更改后的程序，机器人运行轨迹不变，但位置改变至 wobj2 坐标系下。

技能实操视频：设定机器人 BASE 坐标偏移

# 任务二　设定工件坐标 wobjdata

【任务描述】

利用三点法测量 3D 工作台上图 3-32 所示的坐标系，作为 wobj1。

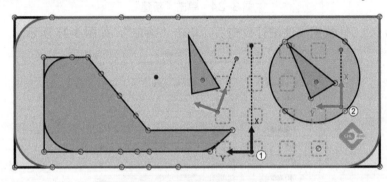

图 3-32　3D 工作台示意图

【知识学习】

当设定工件坐标系时，通常采用三点法。只需在对象表面位置或工件边缘角位置上定义三个点位置，来创建一个工件坐标系。其设定原理如下：

1）手动操纵机器人，在工件表面或边缘角的位置找到一点 X1，作为坐标系的原点。

2）手动操纵机器人，沿着工件表面或边缘找到一点 X2，X1、X2 确定工件坐标系 X 轴的正方向（X1 和 X2 距离越远，定义的坐标系轴向越精准）。

3）手动操纵机器人，在 XY 平面上、并且 Y 值为正的方向找到一点 Y1，确定坐标系 Y 轴的正方向。

以三点法为例创建一个工件坐标系 wobj1 的操作：

1）在手动操纵面板中，单击"工件坐标"，如图 3-33 所示。

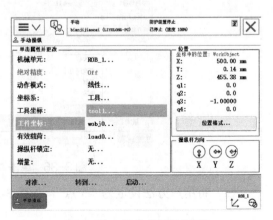

图 3-33　单击"工件坐标"

2）单击"新建"，如图 3-34 所示。

图 3-34 单击"新建"

3）对工件数据属性进行设定后，单击"确定"，如图 3-35 所示。

图 3-35 单击"确定"

4）打开"编辑"菜单，单击"定义"，如图 3-36 所示。

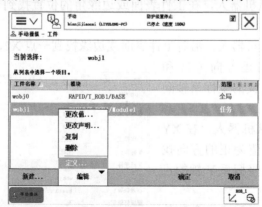

图 3-36 单击"定义"

5）将用户方法设定为"3 点"，如图 3-37 所示。

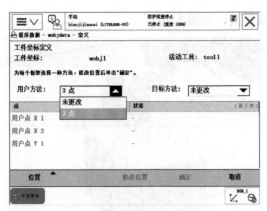

图 3-37 选择 "3点" 法

6) 手动操纵机器人的工具参考点靠近定义工件坐标的 **X1** 点，如图 3-38 所示。

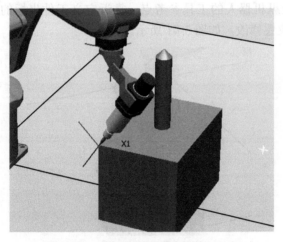

图 3-38 靠近定义工件坐标的 X1 点

7) 单击 "修改位置"，将 **X1** 点记录下来，如图 3-39 所示。

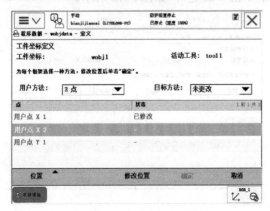

图 3-39 单击 "修改位置"

8) 手动操纵机器人的工具参考点，靠近定义工件坐标的 **X2** 点，然后在示教器中完成位置修改，如图 3-40 所示。

图 3-40　靠近定义工件坐标的 X2 点

9）手动操纵机器人的工具参考点，靠近定义工件坐标的 Y1 点，然后在示教器中完成位置修改，如图 3-41 所示。

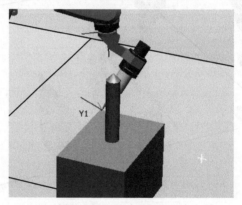

图 3-41　靠近定义工件坐标的 Y1 点

10）在窗口中单击"确定"，如图 3-42 所示。

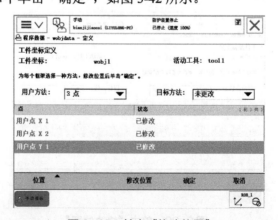

图 3-42　单击"修改位置"

11）对工件位置进行确认后，单击"确定"，如图 3-43 所示。

图 3-43　对工件位置进行确认后，单击"确定"

12）单击"wobj1"，然后单击"确定"，如图 3-44 所示。

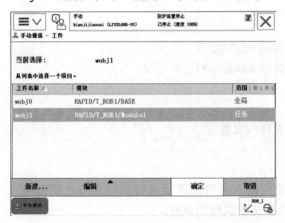

图 3-44　选择"wobj1"工件坐标系

13）按照图 3-45 所示的设置，坐标系选择新创建的工件坐标系，使用线性动作模式，观察在工件坐标系下移动的方式。

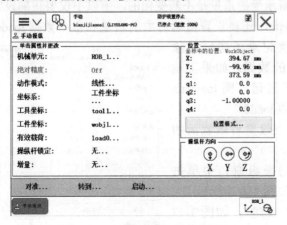

图 3-45　使用线性工作模式移动

【任务实施】

1）进入 ABB 主菜单，在手动操纵界面选择工件坐标。

2）新建一个名称为 wobj1 的工件坐标系。

3）用户方法选择"3 点"法来定义 wobj1。

4）用户点 X1 位置确定工件坐标系的原点位置，用户点 X2 和 Y1 分别确定该坐标系的 X 轴方向和 Y 轴方向。

5）对记录完成的位置数据进行确定，完成工件坐标 wobj1 的测量。

# 项目三　设置机器人有效载荷

【知识点】

◎ 有效载荷 loaddata 的定义

◎ 有效载荷数据 tooldata 设定的意义

【技能点】

◎ 掌握有效载荷的设置方法

【任务描述】

在了解工业机器人有效载荷定义以及设置方法的基础上，能够在工业机器人示教器上进行有效载荷的设置。

【知识学习】

如果工业机器人是用于搬运，就需要设置有效载荷 loaddata，因为对于搬运机器人，手臂承受的重量是不断变化的，所以不仅要正确设定夹具的质量和重心数据 tooldata，还要设置搬运对象的质量和重心数据 loaddata。有效载荷数据 loaddata 就记录了搬运对象的质量和重心的数据。如果工业机器人不用于搬运，则 loaddata 设置就是默认的 load0。

在示教器上设置有效载荷的步骤如下：

1）在手动操纵窗口中单击"有效载荷"，如图 3-46 所示。

2）单击"新建"，如图 3-47 所示。

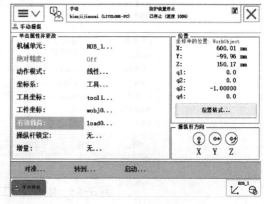

图 3-46　单击"有效载荷"

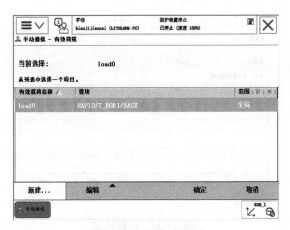

图 3-47　单击"新建"

3）单击"初始值"，如图 3-48 所示。

图 3-48　单击"初始值"

4）对有效载荷进行实际数据设置，如图 3-49 所示。

图 3-49　"初始值"设置

5）当有效载荷数据设置完成后，在图 3-50 所示窗口中单击"确定"。

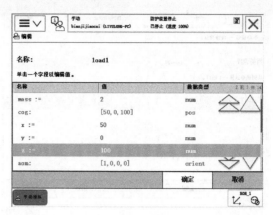

图 3-50 设置完成

有关载荷参数说明见表 3-1。

表 3-1　载荷参数说明

| 名　称 | 参　数 | 单　位 |
|---|---|---|
| 有效载荷质量 | load.mass | kg |
| 有效载荷重心 | load.cog.x<br>load. cog.y<br>load. cog.z | mm |
| 力矩轴方向 | load.aom.q1<br>load.aom.q2<br>load.aom.q3<br>load.aom.q4 | |
| 有效载荷的转动惯量 | ix<br>iy<br>iz | kg·m² |

6）返回"数据声明"界面，然后单击"确定"，如图 3-51 所示。

图 3-51　返回"数据声明"界面，单击"确定"

7）当有效载荷设定完成后，需要在 RAPID 程序中根据实际情况进行实时调整，以实际搬运应用为例，do1 为夹具控制信号，如图 3-52 所示。

图 3-52　实际搬运程序

8）打开指令列表，添加"GripLoad"指令，如图 3-53 所示。

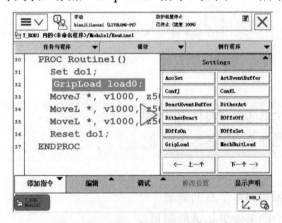

图 3-53　添加"GripLoad"指令

9）双击"load0"，选择新载荷数据 load1，然后单击"确定"，如图 3-54 所示。

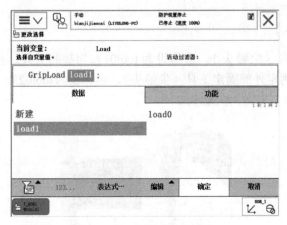

图 3-54　选择新载荷数据

10）同样，在搬运完成后，需要将搬运对象清除为"load0"，如图 3-55 所示。

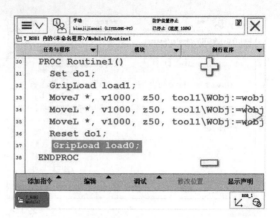

图 3-55　清除载荷数据

# 项目四　应用机器人固定工具及活动工件

【知识点】

◎ 外部固定工具的定义及作用
◎ 活动工件坐标系的定义及作用

【技能点】

◎ 能够进行外部固定工具的测量
◎ 能够进行活动工件坐标系的测量

## 任务一　测量外部固定工具

【任务描述】

以已测工具（尖触头 1，名称设为 tool01）为参照工具，按照外部固定工具的测量方法测定外部固定工具（尖触头 2，名称设为 tool02），如图 3-56 所示，左图为尖触头 1，右图为尖触头 2。

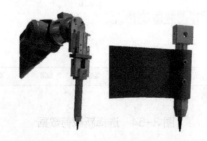

图 3-56　已测工具与外部固定工具

【知识学习】

测量外部固定工具通常采用"TCP 和 Z，X"六点法，即确定外部 TCP 相对于基坐标系（默认为 wobj0）原点的位置和根据外部 TCP 确定该坐标系的姿态。

（1）确定外部固定工具 TCP　首先以已测量工具为参考工具，然后在固定工具上确定一个参考点（最好是工具的中心点），使用手动操纵机器人的方法，使已测工具上的参考点以四种不同的机器人姿态靠近固定工具上的参考点，来确定外部 TCP 相对于基坐标系（默认为 wobj0）的位置，如图 3-57 所示。

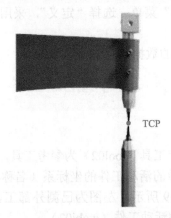

图 3-57　以不同姿态靠近固定工具参考点

（2）确定外部工具的姿态　当确定好 TCP 位置后，还需要确定其姿态方向。利用 Z 和 X 方向上的点确定坐标系，如图 3-58 所示，方法如下：

1）使已测量工具参考点从固定工具参考点沿设定的 Z 方向移动（距离最好大于 100mm），确定坐标系的 Z 轴。

2）使已测量工具参考点从固定工具参考点沿设定的 X 方向移动（距离最好大于 100mm），确定坐标系的 X 轴。

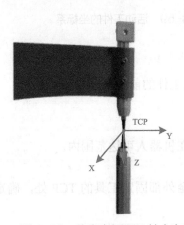

图 3-58　确定坐标系 Z 轴方向和 X 轴方向

【任务实施】

对外部固定工具进行测量的步骤如下：

1）进入 ABB 主菜单，选择"手动操纵"选项。

2）选择"工具坐标"，显示可用的工具列表。

3）新建"工具坐标"，名称设为 tool02。

4）单击"编辑"菜单，选择"更改值"，对 tool02 的初始值进行更改。

5）选择"robhold"选项，将"TRUE"改为"FALSE"。

6）确定后返回工具列表。

7）再次单击"编辑"菜单，选择"定义"，采用"TCP 和 Z，X"法测定外部固定工具。

8）保存测量后所得的数据。

# 任务二　测量由机器人引导的活动工件

【任务描述】

以已测量的外部固定工具（tool02）为参考工具，按照工件的测量方法（3点法）测定由机器人引导的活动工件的坐标系（名称设为 wobj02），并将测量数据进行保存。如图 3-59 所示，左图为已测外部工具尖触头 2（tool02），右图为待测由机器人引导的活动工件（wobj02）。

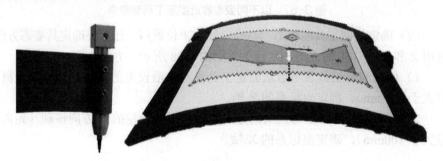

图 3-59　活动工件的坐标系

【知识学习】

测量由机器人引导的活动工件的前提条件如下：

1）工件安装在法兰上。

2）外部固定工具已测定。

3）确定工件位置的点均在机器人可达范围内。

测量原理

1）将活动工件的原点移至外部固定工具的 TCP 处，确定工件坐标系的原点，如图 3-60 所示。

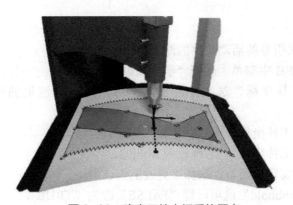

图 3-60　确定工件坐标系的原点

2）将活动工件上 +X 上一点移至外部固定工具的 TCP 处，确定坐标系的 X 轴方向，如图 3-61 所示。

图 3-61　确定坐标系的 X 轴方向

3）将活动工件上 +Y 上一点移至外部固定工具的 TCP 处，确定坐标系的 Y 轴方向，如图 3-62 所示。

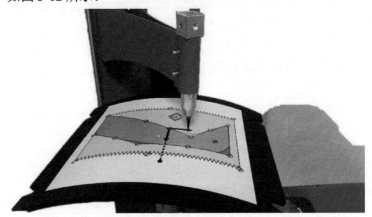

图 3-62　确定坐标系的 Y 轴方向

4）测量完成后确认，并保存测量的数据。

技能实操视
频：活动工件
的测量

【任务实施】

对由机器人引导的活动工件的测量步骤如下：

1）进入 ABB 主菜单，选择"手动操纵"选项。

2）在"工具坐标"选项中，工具坐标系选择已测量的外部固定工具 tool02。

3）单击"工件坐标"，显示可用的工件列表。

4）新建"工件坐标"，名称设为 wobj02。

5）单击"编辑"菜单，选择"更改值"选项。

6）选择"robhold"选项，将"FALSE"改为"TRUE"。

7）确定后返回可用工件列表。

8）再次单击"编辑"菜单，选择"定义"选项。

9）使用工件测量的方法（3 点法）进行操作。

10）确定后保存测量的数据。

## 项目一 使用 ABB 工业机器人的 I/O 通信

教学视频：
ABB 机器人
I/O 通信初识

### 任务一 认识 ABB 标准 I/O 板

**【任务描述】**

认识 ABB 常用 I/O 板主要构成及作用，了解 DSQC651 和 DSQC652 上不同的端子接口及地址分配。

**【知识学习】**

ABB 工业机器人提供了丰富的 I/O 通信接口，可以轻松地实现与周边设备进行通信。ABB 标准 I/O 板提供的常用信号处理有数字输入 DI、数字输出 DO、模拟输入 AI、模拟输出 AO 以及输送链跟踪，表 4-1 是关于 ABB 工业机器人 I/O 通信接口的说明，常用的标准 I/O 板有 DSQC651 和 DSQC652。ABB 工业机器人可以选配标准 ABB 的 PLC，省去了与外部 PLC 进行通信设置的麻烦，并且可以在机器人的示教器上实现与 PLC 相关的操作。

表 4-1　ABB 工业机器人 I/O 通信接口的说明

| 序　号 | 型　　号 | 说　　明 |
|---|---|---|
| 1 | DSQC651 | 分布式 I/O 模块 di8、do8、ao2 |
| 2 | DSQC652 | 分布式 I/O 模块 di16、do16 |
| 3 | DSQC653 | 分布式 I/O 模块 di8、do8 带继电器 |
| 4 | DSQC355A | 分布式 I/O 模块 ai4、ao4 |
| 5 | DSQC377A | 输送链跟踪单元 |

### 1. ABB 标准 I/O 板 DSQC651

DSQC651 板主要提供八个数字输入信号、八个数字输出信号和两个模拟输出信号的处理，如图 4-1 所示。

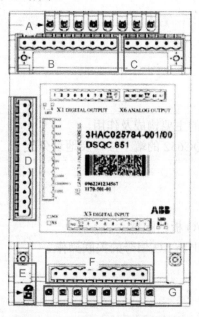

图 4-1　DSQC651 板端口组成

A—信号输出指示灯　B—X1 数字输出接口　C—X6 模拟输出接口
D—X5 是 DeviceNet 接口　E—模块状态指示灯　F—X3 数字输入接口　G—数字输入信号指示灯

（1）X1 端子　X1 端子接口包括八个数字输出，端子定义及地址分配见表 4-2。

表 4-2　X1 端子定义及地址分配

| X1 端子编号 | 使用定义 | 地址分配 |
|---|---|---|
| 1 | OUTPUT CH1 | 32 |
| 2 | OUTPUT CH2 | 33 |
| 3 | OUTPUT CH3 | 34 |
| 4 | OUTPUT CH4 | 35 |
| 5 | OUTPUT CH5 | 36 |
| 6 | OUTPUT CH6 | 37 |
| 7 | OUTPUT CH7 | 38 |
| 8 | OUTPUT CH8 | 39 |
| 9 | 0V | |
| 10 | 24V | |

（2）X3端子　X3端子接口包括八个数字输入，端子定义及地址分配见表4-3。

表4-3　X3端子定义及地址分配

| X3端子编号 | 使用定义 | 地址分配 |
| --- | --- | --- |
| 1 | INPUT CH1 | 0 |
| 2 | INPUT CH2 | 1 |
| 3 | INPUT CH3 | 2 |
| 4 | INPUT CH4 | 3 |
| 5 | INPUT CH5 | 4 |
| 6 | INPUT CH6 | 5 |
| 7 | INPUT CH7 | 6 |
| 8 | INPUT CH8 | 7 |
| 9 | 0V | |
| 10 | 未使用 | |

（3）X6端子　X6端子接口包括两个模拟输出，端子定义及地址分配见表4-4。

表4-4　X6端子定义及地址分配

| X6端子编号 | 使用定义 | 地址分配 |
| --- | --- | --- |
| 1 | 未使用 | |
| 2 | 未使用 | |
| 3 | 未使用 | |
| 4 | 0V | |
| 5 | 模拟输出 ao1 | 0-15 |
| 6 | 模拟输出 ao2 | 16-31 |

（4）X5端子　X5端子是DeviceNet接口，接口定义见表4-5。

表4-5　X5端子接口定义

| X5端子编号 | 使用定义 |
| --- | --- |
| 1 | 0V BLACK |
| 2 | CAN 信号线 low BLUE |
| 3 | 屏蔽线 |
| 4 | CAN 信号线 high WHITE |
| 5 | 24V RED |
| 6 | GND 地址选择公共端 |
| 7 | 模块 ID bit0（LSB） |
| 8 | 模块 ID bit1（LSB） |
| 9 | 模块 ID bit2（LSB） |
| 10 | 模块 ID bit3（LSB） |
| 11 | 模块 ID bit4（LSB） |
| 12 | 模块 ID bit5（LSB） |

　　X5端子是DeviceNet总线接口，其上的编号 6～12 跳线用来决定模块（I/O板）在总线中的地址，可用范围为 10～63。如图4-2所示，如果将第8

脚和第 10 脚的跳线剪去，就可以获得 10（2+8=10）的地址。

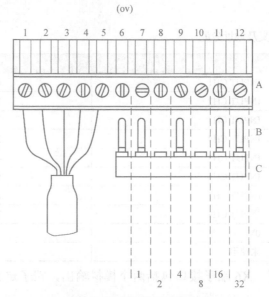

图 4-2　X5 端口接线方式

### 2. ABB 标准 I/O 板 DSQC652

DSQC652 板如图 4-3 所示，主要提供 16 个数字输入信号和 16 个数字输出信号的处理。其 X5 端子（DeviceNet 接口）见表 4-5。

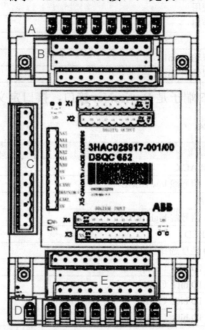

图 4-3　DSQC652 板端口组成

A—信号输出指示灯　B—X1、X2 数字输出接口　C—X5 是 DeviceNet 接口
D—模块状态指示灯　E—X3、X4 数字输入接口　F—数字输入信号指示灯

（1）X1 端子　X1 端子接口包括八个数字输出，端子定义及地址分配见

表 4-6。

表 4-6　X1 端子定义及地址分配

| X1 端子编号 | 使 用 定 义 | 地 址 分 配 |
| --- | --- | --- |
| 1 | OUTPUT CH1 | 0 |
| 2 | OUTPUT CH2 | 1 |
| 3 | OUTPUT CH3 | 2 |
| 4 | OUTPUT CH4 | 3 |
| 5 | OUTPUT CH5 | 4 |
| 6 | OUTPUT CH6 | 5 |
| 7 | OUTPUT CH7 | 6 |
| 8 | OUTPUT CH8 | 7 |
| 9 | 0V | |
| 10 | 24V | |

（2）**X2 端子**　X2 端子接口包括八个数字输出，端子定义及地址分配见表 4-7。

表 4-7　X2 端子定义及地址分配

| X2 端子编号 | 使 用 定 义 | 地 址 分 配 |
| --- | --- | --- |
| 1 | OUTPUT CH9 | 8 |
| 2 | OUTPUT CH10 | 9 |
| 3 | OUTPUT CH11 | 10 |
| 4 | OUTPUT CH12 | 11 |
| 5 | OUTPUT CH13 | 12 |
| 6 | OUTPUT CH14 | 13 |
| 7 | OUTPUT CH15 | 14 |
| 8 | OUTPUT CH16 | 15 |
| 9 | 0V | |
| 10 | 24V | |

（3）**X3 端子**　X3 端子接口包括八个数字输入，端子定义及地址分配见表 4-8。

表 4-8　X3 端子定义及地址分配

| X3 端子编号 | 使 用 定 义 | 地 址 分 配 |
| --- | --- | --- |
| 1 | INPUT CH1 | 0 |
| 2 | INPUT CH2 | 1 |
| 3 | INPUT CH3 | 2 |
| 4 | INPUT CH4 | 3 |
| 5 | INPUT CH5 | 4 |
| 6 | INPUT CH6 | 5 |
| 7 | INPUT CH7 | 6 |
| 8 | INPUT CH8 | 7 |
| 9 | 0V | |
| 10 | 未使用 | |

（4）X4 端子　X4 端子接口包括八个数字输入，端子定义及地址分配见表 4-9。

表 4-9　X4 端子定义及地址分配

| X4 端子编号 | 使用定义 | 地址分配 |
|---|---|---|
| 1 | INPUT CH9 | 8 |
| 2 | INPUT CH10 | 9 |
| 3 | INPUT CH11 | 10 |
| 4 | INPUT CH12 | 11 |
| 5 | INPUT CH13 | 12 |
| 6 | INPUT CH14 | 13 |
| 7 | INPUT CH15 | 14 |
| 8 | INPUT CH16 | 15 |
| 9 | 0V | |
| 10 | 未使用 | |

（5）X5 端子　X5 端子见 ABB I/O 板 DSQC651 中的 X5 端子。

# 任务二　配置 ABB 标准 I/O 板

【任务描述】

ABB 常用标准 I/O 板有 DSQC651、DSQC652、DSQC653、DSQC355A、DSQC377A 五种，除分配地址不同外，其配置方法基本相同。DSQC651 是最常用的模块，下面以 DSQC651 板的配置为例，介绍 DeviceNet 现场总线连接和数字输入信号 di、数字输出信号 do、组输入信号 gi1、组输出信号 go1 和模拟输出信号 ao 的配置。

【知识学习】

## 1. 定义 DSQC651 板的总线连接

ABB 标准 I/O 板都是下挂在 DeviceNet 现场总线下的设备，通过 X5 端口与 DeviceNet 现场总线进行通信。定义 DSQC651 板总线连接的相关参数说明见表 4-10。

表 4-10　DSQC651 板的总线连接

| 参数名称 | 设定值 | 说明 |
|---|---|---|
| DeviceNet Device | | 设定 DeviceNet 总线连接单元 |
| Name | d651 | 设定 I/O 板在系统中的名字 |
| Address | 10 | 设定 I/O 板在总线中的地址 |

总线连接操作步骤如下：

1）进入 ABB 主菜单。单击"控制面板"，如图 4-4 所示。

图 4-4 单击"控制面板"

2）单击"配置"，如图 4-5 所示。

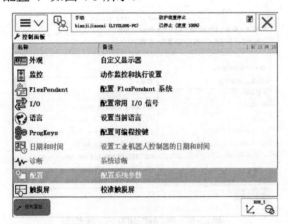

图 4-5 单击"配置"

3）双击"DeviceNet Device"，进行 DSQC651 模块的选择及地址设定，如图 4-6 所示。

图 4-6 双击"DeviceNet Device"

4）单击"添加"，如图 4-7 所示。

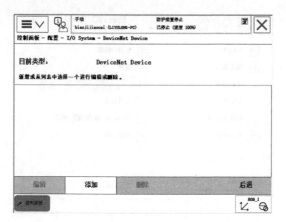

图 4-7　单击"添加"

5）单击右上方下拉箭头图标，选择使用的 I/O 板类型，如图 4-8 所示。

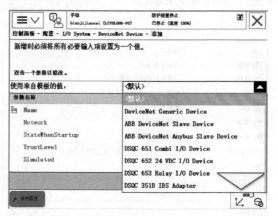

图 4-8　选择使用的 I/O 板类型

6）选择 DSQC 651 I/O 板，其参数值会自动生成默认值，如图 4-9 所示。

图 4-9　自动生成默认值

7）双击"Address"，只需将 Address 的值改为 10（10 代表此模块在总线中的地址，是 ABB 工业机器人出厂默认值），如图 4-10 所示。

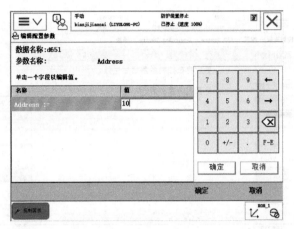

图 4-10　双击"Address"

8）单击"确定"按钮，返回参数设定界面，如图 4-11 所示。

图 4-11　单击"确定"按钮，返回参数设定界面

9）参数设定完毕，单击"确定"，如图 4-12 所示。

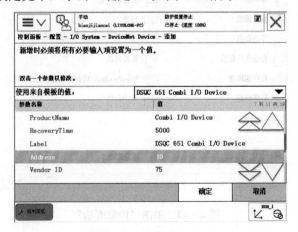

图 4-12　参数设定完成

10）单击"是"按钮，重新启动控制系统，如图 4-13 所示。

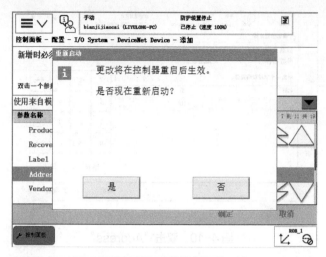

图4-13　重启控制系统

### 2. 定义数字输入信号 di1

数字输入信号 di1 的相关参数见表 4-11。

表 4-11　数字输入信号 di1 的相关参数

| 参 数 名 称 | 设 定 值 | 说　明 |
| --- | --- | --- |
| Name | di1 | 设定数字输入信号的名字 |
| Type of Signal | Digital Input | 设定信号的种类 |
| Assigned to Device | d651 | 设定信号所在的 I/O 模块 |
| Device Mapping | 0 | 设定信号所占用的地址 |

数字输入信号 di1 的操作如下：

1）单击"控制面板"，如图 4-14 所示。

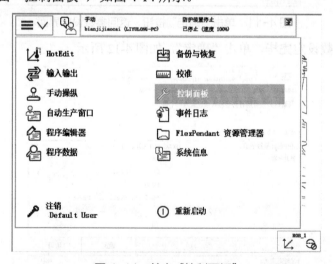

图4-14　单击"控制面板"

2）单击"配置"，如图 4-5 所示。

3）双击"Signal"，如图 4-15 所示。

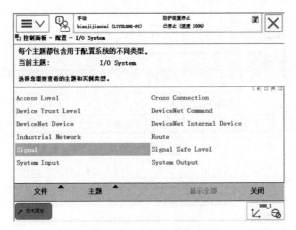

图 4-15 双击 "Signal"

4）单击 "添加"，如图 4-16 所示。

图 4-16 单击 "添加"

5）双击 "Name"，如图 4-17 所示。

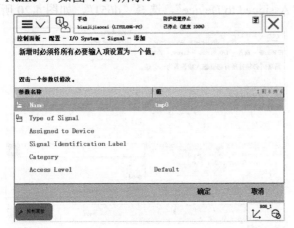

图 4-17 双击 "Name"

6）输入 "di1"，然后单击 "确定"，如图 4-18 所示。

图 4-18　输入"di1"，单击"确定"

7）双击"Type of Signal"，选择"Digital Input"，如图 4-19 所示。

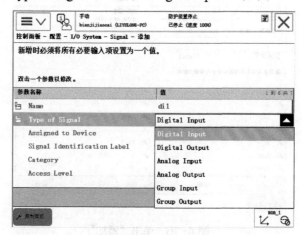

图 4-19　双击"Type of Signal"

8）双击"Assigned to Device"，选择"d651"，如图 4-20 所示。

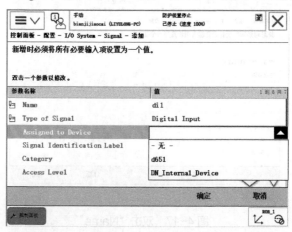

图 4-20　双击"Assigned to Device"

9）双击"Device Mapping"，如图4-21所示。

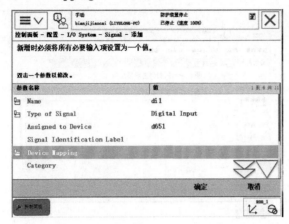

图4-21 双击"Device Mapping"

10）输入"0"，单击"确定"，如图4-22所示。

图4-22 输入"0"，单击"确定"

11）单击"确定"，如图4-23所示设置完成。

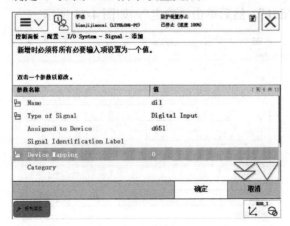

图4-23 设置完成

12）在弹出窗口中单击"是"按钮，重启控制器以完成设置，如图4-24所示。

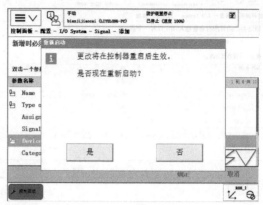

图4-24 重启控制器

### 3. 定义数字输出信号do1

数字输出信号do1的相关参数见表4-12。

表4-12 数字输出信号do1的相关参数

| 参 数 名 称 | 设 定 值 | 说 明 |
| --- | --- | --- |
| Name | do1 | 设定数字输出信号的名字 |
| Type of Signal | Digital Output | 设定信号的种类 |
| Assigned to Device | d651 | 设定信号所在的I/O模块 |
| Device Mapping | 32 | 设定信号所占用的地址 |

数字输出信号do1的定义操作步骤如下：

1）单击"控制面板"，如图4-4所示。

2）单击"配置"，如图4-5所示。

3）双击"Signal"，如图4-15所示。

4）单击"添加"，如图4-16所示。

5）双击"Name"，如图4-17所示。

6）输入"do1"，然后单击"确定"，如图4-25所示。

图4-25 输入"do1"，单击"确定"

7）双击"Type of Signal"，选择"Digital Output"，如图 4-26 所示。

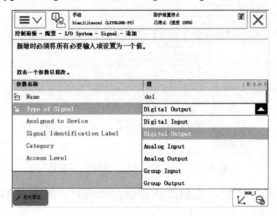

图 4-26 双击"Type of Signal"选择"Digital Output"

8）双击"Assigned to Device"，选择"d651"，如图 4-27 所示。

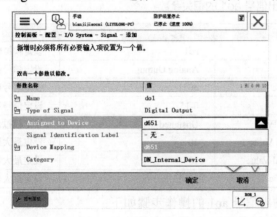

图 4-27 双击"Assigned to Device"，选择"d651"

9）双击"Device Mapping"，如图 4-28 所示。

图 4-28 双击"Device Mapping"

10）输入"32"，然后单击"确定"，如图 4-29 所示。

图 4-29　输入"32"，单击"确定"

11）单击"是"按钮，重启控制器以完成设置，如图 4-24 所示。

### 4. 定义模拟输出信号 ao1

模拟输出信号 ao1 的相关参数见表 4-13。

表 4-13　模拟输出信号 ao1 的相关参数

| 参 数 名 称 | 设 定 值 | 说　　明 |
|---|---|---|
| Name | ao1 | 设定模拟输出信号的名字 |
| Type of Signal | Analog Output | 设定信号的类型 |
| Assigned to Device | d651 | 设定信号所在的 I/O 模块 |
| Device Mapping | 0-15 | 设定信号所占用的地址 |
| Analog Encoding Type | Unsigned | 设定模拟信号属性 |
| Maximum Logical Value | 10 | 设定最大逻辑值 |
| Maximum Physical Value | 10 | 设定最大物理值 |
| Maximum Bit Value | 65535 | 设定最大位置 |

定义模拟输出信号 ao1 的操作步骤如下：

1）单击"控制面板"，如图 4-4 所示。

2）单击"配置"，如图 4-5 所示。

3）双击"Signal"，如图 4-15 所示。

4）单击"添加"，如图 4-16 所示。

5）双击"Name"，如图 4-17 所示。

6）输入"ao1"，然后单击"确定"，如图 4-30 所示。

图 4-30　输入"ao1"，单击"确定"

7）双击"Type of Signal"，然后选择"Analog Output"，如图 4-31 所示。

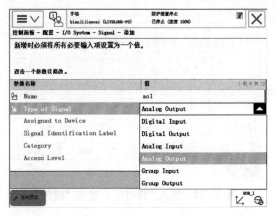

图 4-31　双击"Type of Signal"，选择"Analog Output"

8）双击"Assigned to Device"，然后选择"d651"，如图 4-32 所示。

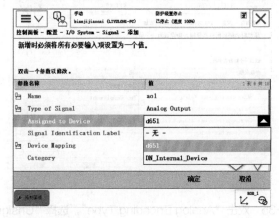

图 4-32　双击"Assigned to Device"，选择"d651"

9）双击"Device Mapping"，如图 4-33 所示。

图 4-33　双击"Device Mapping"

10）输入"0-15"，然后单击"确定"，如图 4-34 所示。

图 4-34　输入"0-15"，单击"确定"

11）双击"Analog Encoding Type"，然后选择"Unsigned"，如图 4-35 所示。

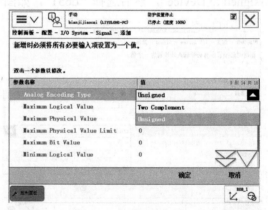

图 4-35　双击"Analog Encoding Type"，选择"Unsigned"

12）双击"Maximum logical Value"，然后输入"10"，单击"确定"，如图 4-36 所示。

图 4-36　双击"Maximum logical Value"，输入"10"

13）双击"Maximum Physical Value"，然后输入"10"，单击"确定"，

如图 4-37 所示。

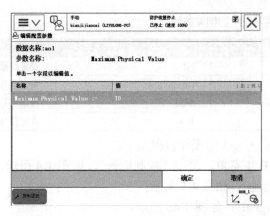

图 4-37 双击"Maximum Physical Value",输入"10"

14）双击"Maximum Bit Value",然后输入"65535",单击"确定",如图 4-38 所示。

图 4-38 双击"Maximum Bit Value",输入"65535"

15）单击"是"按钮,重启控制器以完成设置,如图 4-39 所示。

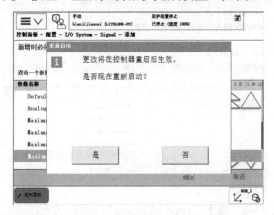

图 4-39 单击"是"按钮,重启控制系统

5. 定义组输入信号 gi1

组输入信号 gi1 的相关参数见表 4-14。

表 4-14　组输入信号 gi1 的相关参数

| 参 数 名 称 | 设 定 值 | 说 明 |
| --- | --- | --- |
| Name | gi1 | 设定组输入信号的名字 |
| Type of Signal | Group Input | 设定信号的类型 |
| Assigned to Device | d651 | 设定信号所在的 I/O 模块 |
| Device Mapping | 1-4 | 设定信号所占用的地址 |

定义组输入信号 gi1 的操作步骤如下：

1）进入 ABB 主菜单，单击"控制面板"，如图 4-4 所示。

2）单击"配置"，如图 4-5 所示。

3）双击"Signal"，如图 4-40 所示。

4）单击"添加"，如图 4-16 所示。

5）双击"Name"，如图 4-17 所示。

6）输入"gi1"，然后单击"确定"，如图 4-41 所示。

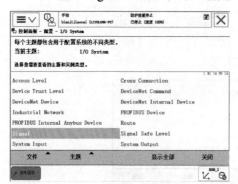

图 4-40　双击"Signal"　　　　图 4-41　输入"gi1"，单击"确定"

7）双击"Type of Signal"，然后选择"Group Input"，如图 4-42 所示。

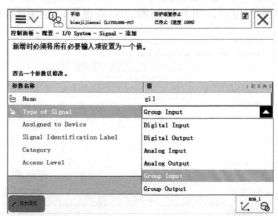

图 4-42　双击"Type of Signal"，选择"Group Input"

8）双击"Assigned to Device"，然后选择"d651"，如图 4-43 所示。

图 4-43 双击"Assigned to Device",选择"d651"

9)双击"Device Mapping",输入"1-4",然后单击"确定",如图 4-44
所示。

图 4-44 双击"Device Mapping",输入"1-4",单击"确定"

10)单击"是"按钮,重启控制器系统以完成设置,如图 4-24 所示。

### 6. 定义组输出信号 go1

组输出信号 go1 的相关参数及状态见表 4-15。

表 4-15 组输出信号 go1 的相关参数及状态

| 参 数 名 称 | 设 定 值 | 说 明 |
|---|---|---|
| Name | go1 | 设定组输出信号的名字 |
| Type of Signal | Group Output | 设定信号的类型 |
| Assigned to Device | d651 | 设定信号所在的 I/O 模块 |
| Device Mapping | 33-36 | 设定信号所占用的地址 |

定义组输出信号 go1 的操作步骤如下:

1)进入 ABB 主菜单,单击"控制面板",如图 4-4 所示。

2)单击"配置",如图 4-5 所示。

3)双击"Signal",如图 4-40 所示。

4)单击"添加",如图 4-16 所示。

5)双击"Name",如图 4-17 所示。

6）输入"go1"，然后单击"确定"，如图4-45所示。

图4-45 输入"go1"，单击"确定"

7）双击"Type of Signal"，然后选择"Group Output"，如图4-46所示。

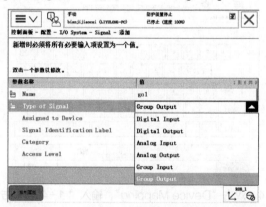

图4-46 双击"Type of Signal"，选择"Group Output"

8）双击"Assigned to Device"，然后选择"d651"，如图4-47所示。

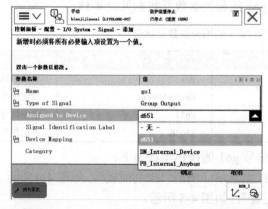

图4-47 双击"Assigned to Device"，选择"d651"

9）双击"Device Mapping"，输入"33-36"，然后单击"确定"，如图4-48所示。

图 4-48　双击"Device Mapping"，输入"33-36"，单击"确定"

10）单击"是"按钮，重启控制器系统以完成设置，如图 4-24 所示。

【任务实施】

1）定义 DSQC651 板总线连接：在系统中选择使用的 I/O 板类型，设定 DeviceNet Device 参数，即为 DeviceNet 总线的连接单元。

2）设定参数 Name：设定 I/O 板在系统中的名字，如对标准 I/O 板——DSQC651 板进行配置时，参数 Name 设定可设定为 d651。

3）设定参数 Address：该参数用于设定 I/O 板在总线中的地址，如在标准 I/O 板——DSQC651 板总线连接配置中，地址的设定值是 10。

4）定义数字输入信号 di1：首先需设定信号名字，对应的参数名称是 Name，设定信号名称为 di1；参数种类 Type of Signal 设定值为 Digital Input；设定信号所在的 I/O 模块参数 Assigned to Device 设定为 d651；设定信号所占用的地址，地址参数 Device Mapping 设置为 0。

5）定义数字输出信号 do1：名字参数 Name 对应设定为 do1，信号种类 Type of Signal 设定为 Digital Output，信号所在的 I/O 模块 Assigned to Device 设定为 d651，信号所占用的地址 Device Mapping 设定为 32。

6）定义模拟输出信号 ao1：首先设定模拟输出信号参数 Name 为 ao1，信号类型参数 Type of Signal 设定为 Analog Output 模拟输出，信号所在的 I/O 模块参数 Assigned to Device 设定为 d651；设定信号所占用的地址参数 Device Mapping 设定值为 0-15；模拟信号属性参数 Analog Encoding Type 设定值为 Unsigned；最大逻辑值参数 Maximum Logical Value 设定为 10；最大物理值 Maximum Physical Value 设定值也是 10；最大位置参数 Maximum Bit Value 设定值为 65535。

7）定义组输入信号 gi1：名字参数 Name 设定为 gi1，信号类型参数 Type of Signal 设定为 Group Input 组输入，信号所在的 I/O 模块 Assigned to Device 设定为 d651，信号所占用的地址 Device Mapping，由于组输入信号占用多位地址，设定的值是 1～4，组输入信号是占用多位地址，可自行定义占用的位数。

8）定义组输出信号 go1：首先设定组输出信号的名字参数 Name，设定

技能实操视频：
DSQC651 的
配置

为 go1；信号类型 Type of Signal 设定为 Group Output 组输出；信号所在的 I/O 模块参数 Assigned to Device 设定为 d651；信号所占用的地址 Device Mapping 设定为 33～36，组输出信号也是占用多位地址，可自行定义占用的位数。

## 任务三　关联操作系统输入输出与 I/O 信号

**【任务描述】**

建立系统输入输出信号与 I/O 的连接，可实现对工业机器人系统的控制，比如电动机开启、程序启动等；也可实现对外围设备的控制，比如电主轴的转动、夹具的开启等。建立系统输入电动机开启与数字输入信号 di1 的关联。建立系统输出电动机开启与数字输出信号 do1 的关联。

**【知识学习】**

技能实操视频：系统输入与 I/O 信号的关联

1. 系统输入"电机启动"与数字输入信号 di1 的关联

1）进入 ABB 主菜单，单击"控制面板"，如图 4-14 所示。

2）单击"配置"，对系统参数进行设置，如图 4-5 所示。

3）双击"System Input"，如图 4-49 所示。

图 4-49　双击"System Input"

4）进入图 4-50 所示的界面，单击"添加"。

图 4-50　进入界面单击"添加"

5）单击"Signal Name"，选择输入信号"di1"，如图 4-51 所示。

图 4-51 单击"Signal Name"，选择输入信号"di1"

6）双击"Action"，如图 4-52 所示。

图 4-52 双击"Action"

7）单击"Motors On"，然后单击"确定"返回，如图 4-53 所示。

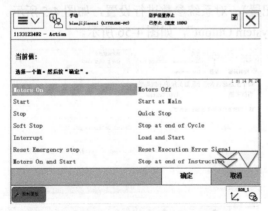

图 4-53 单击"Motors on"

8）单击"确定"确认设定，如图 4-54 所示。

图 4-54　单击"确定"确认设定

9）单击"是"按钮，重新启动控制器，完成设定，如图 4-55 所示。

图 4-55　单击"是"按钮，重新启动控制器

**2. 系统输出"电机开启"与数字输出信号 do1 的关联**

1）进入 ABB 主菜单，单击"控制面板"，如图 4-4 所示。

2）单击"配置"，对系统参数进行设置，如图 4-5 所示。

3）双击"System Output"，如图 4-56 所示。

图 4-56　双击"System Output"

4）单击"添加"，如图 4-57 所示。

图 4-57　单击"添加"

5）单击"Signal Name"，选择输出信号"do1"，如图 4-58 所示。

图 4-58　单击"Signal Name"，选择输出信号"do1"

6）双击"Status"，如图 4-59 所示。

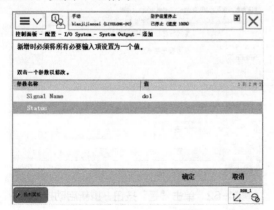

图 4-59　双击"Status"

7）单击"Motor On"，然后单击"确定"返回，如图 4-60 所示。

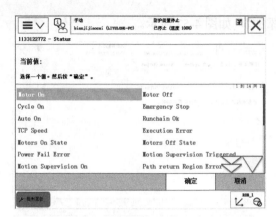

图 4-60  单击 "Motor on"

8）单击"确定"确认设定，如图 4-61 所示。

图 4-61  单击"确定"确认设定

9）单击"是"按钮，重新启动控制器，如图 4-62 所示。

图 4-62  单击"是"按钮，重新启动控制器

【任务实施】

1）分别配置数字输入信号 di1 和数字输出信号 do1。

2）在系统输入输出参数中建立电动机开启与 di1、do1 的关联。

# 项目二 使用程序数据

【知识点】

◎ ABB 工业机器人程序数据的分类方式
◎ ABB 工业机器人程序数据的存储类型

【技能点】

◎ 能够识别常用的程序数据
◎ 能够进行常用程序数据的建立

## 任务一 认识程序数据的类型与分类

【任务描述】

清楚了解 ABB 工业机器人程序数据的分类方式以及程序数据的存储类型，认识常用的程序数据。

【知识学习】

技能实操视频：程序数据类型与分类

1. 程序数据分类

ABB 工业机器人的程序数据共有 76 个，并且可以根据实际的一些情况进行程序数据的创建，为 ABB 工业机器人的程序编辑和设计带来无限的可能和发展。可以通过示教器中的程序数据窗口查看所需要的程序数据及类型。

首先单击 ABB 按钮，出现图 4-63 所示的主菜单界面，单击程序数据，打开程序数据，就会显示全部程序数据的类型，如图 4-64 所示，可以根据需要从列表中选择一个数据类型。

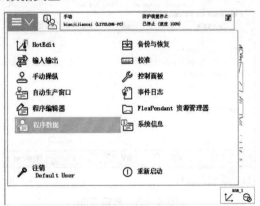

图 4-63 主菜单界面

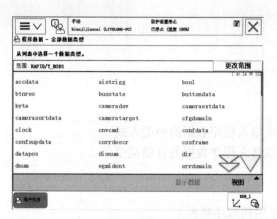

图 4-64　程序数据界面

## 2. 程序数据的存储类型

在全部的程序数据类型中，有一些常用的程序数据，下面对这些常用的数据类型进行详细地说明，为下一步的程序编辑做好准备。

（1）变量 VAR　VAR 表示存储类型为变量。变量型数据在程序执行的过程中和停止时都会保持当前的值，不会改变，但如果程序指针被移动到主程序后，变量型数据的数值会丢失。这就是变量型数据的特点。

举例说明如下：

VAR num length：=0 ；表示名称为 length 的数字数据。

VAR string name：= "John" ；表示名称为 name 的字符数据。

VAR bool finished：=FALSE ；表示名称为 finished 的布尔量数据。

上述语句定义了数字数据、字符数据和布尔量数据。在定义时，可以定义变量数据的初始值。如例子中 length 的初始值为 0，name 的初始值是 John，finished 的初始值是 FALSE。

如果进行了数据的声明，在程序编辑窗口中将会显示出来，如图 4-65 所示。

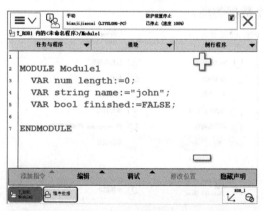

图 4-65　数据声明

在机器人执行的 RAPID 程序中也可以对变量存储类型程序数据进行赋值的操作，如图 4-66 所示，将名称为 length 的数字数据赋值 "10-1"，将名称为 name 的字符数据赋值为 "john"，将名称为 finished 的布尔量数据赋值为 TRUE。但是在程序中执行变量型程序数据的赋值时，在指针复位后将恢复为初始值。

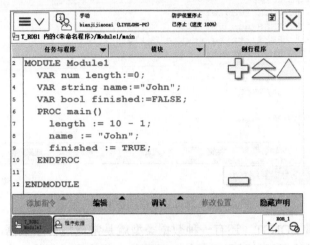

图 4-66 对变量程序数据进行赋值

（2）可变量 PERS　与变量型数据不同，可变量型数据最大的特点是无论程序的指针如何，可变量型数据都会保持最后赋予的值。PERS 表示存储类型为可变量。举例说明如下：

PERS num nbr：=1；表示名称为 nbr 的数字数据。

PERS string text：= "Hello"；表示名称为 text 的字符数据。

在示教器中进行定义后，会在程序编辑窗口显示，如图 4-67 所示。

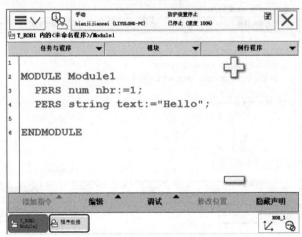

图 4-67 定义可变量

在机器人执行的 RAPID 程序中也可以对可变量存储类型程序数据进行赋值的操作，如图 4-68 所示，对名称为 nbr 的数字数据赋值为 8，对名称为 text 的字符数据赋值为 "Hi"，但是在程序执行以后，赋值结果会一直保持，与程序指针的位置无关，直到对数据进行重新的赋值，才会改变原来的值。

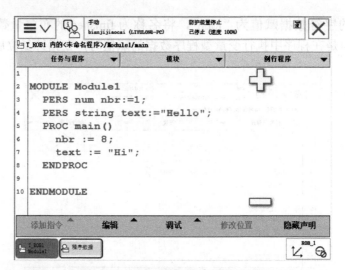

图 4-68　对可变量程序数据进行赋值

（3）常量 CONST　还有一种数据类型就是常量型程序数据，常量的特点是定义的时候就已经被赋予了数值，并不能在程序中进行修改，除非进行手动修改，否则数值一直不变。CONST 表示存储类型是常量，举例说明如下：

CONST num gravity：=9.81；表示名称为 gravity 的数字数据。

CONST string greating：="Hello"；表示名称为 greating 的字符数据。

在程序中定义了常量后，在程序编辑窗口的显示如图 4-69 所示。但是存储类型为常量的程序数据，不允许在程序中进行赋值的操作。

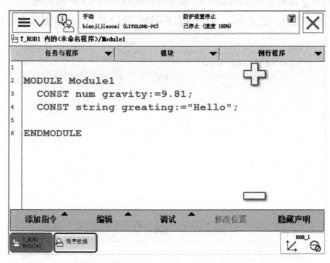

图 4-69　定义常量

### 3. 常用程序数据

在程序的编辑中，根据不同的数据用途，定义了不同的程序数据。在 76 个 ABB 工业机器人的程序数据中，有一些是机器人系统常用的程序数据，见表 4-16。

表 4-16　常用程序数据

| 程 序 数 据 | 说　　明 |
|---|---|
| bool | 布尔量 |
| byte | 整数数据 0~255 |
| clock | 计时数据 |
| dionum | 数字输入 / 输出信号 |
| extjoint | 外轴位置数据 |
| intnum | 中断标志符 |
| jointtarget | 关节位置数据 |
| loaddata | 负荷数据 |
| mecunit | 机械装置数据 |
| num | 数值数据 |
| orient | 姿态数据 |
| pos | 位置数据（只有 X、Y 和 Z） |
| pose | 坐标转换 |
| robjoint | 工业机器人轴角度数据 |
| robtarget | 工业机器人与外轴的位置数据 |
| speeddata | 工业机器人与外轴的速度数据 |
| string | 字符串 |
| tooldata | 工具数据 |
| trapdata | 中断数据 |
| wobjdata | 工件数据 |
| zonedata | TCP 转弯半径数据 |

# 任务二　建立程序数据

【任务描述】

通过建立程序数据布尔数据和程序数据数值数据，了解工业机器人建立程序数据的基本方法及操作步骤。

【知识学习】

### 1. 建立程序数据布尔数据 bool

建立程序数据布尔数据 bool 的步骤如下：

1）在示教器的主菜单界面上，单击"程序数据"，如图 4-63 所示。

2）出现图 4-70 所示的界面，显示的是已用数据类型。如果需要查看全部的数据类型，单击右下角的"视图"，将全部数据类型勾选上，就会出现图 4-64 所示界面，全部的程序数据类型都被列举出来。

技 能 实 操 视
频：建立程序
数据

图 4-70　已用数据类型界面

3）从列表中选择所需要的数据类型。这里选择"bool"，如图 4-71 所示。

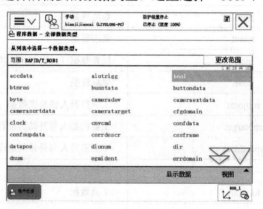

图 4-71　选择"bool"

4）单击界面右下方的"显示数据"，出现图 4-72 所示的界面。在下方单击"新建"，进行数据的编辑。

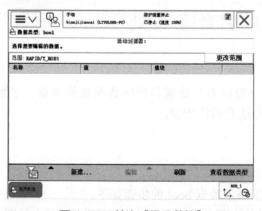

图 4-72　单击"显示数据"

5）进入新数据声明的界面，如图 4-73 所示，可对数据类型的名称、范围、存储类型、任务、模块、例行程序和维数进行设定。数据设定参数的说明见表 4-17。

图 4-73　新数据声明界面

表 4-17　数据设定参数的说明

| 数据设定参数 | 说　明 |
| --- | --- |
| 名称 | 设定数据的名称 |
| 范围 | 设定数据可使用的范围，包括全局、本地和任务三个选项。全局表示数据可以应用在所有的模块中，本地表示定义的数据只可以应用于所在的模块中，任务则表示定义的数据只能应用于所在的任务中 |
| 存储类型 | 设定数据的可存储类型包括变量、可变量和常量 |
| 任务 | 设定数据所在的任务 |
| 模块 | 设定数据所在的模块 |
| 例行程序 | 设定数据所在的例行程序 |
| 维数 | 设定数据的维数。数据的维数一般是指数据不相干的几种特性 |
| 初始值 | 设定数据的初始值。数据类型不同，初始值不同，根据需要选择合适的初始值 |

6）例如，以"finished"为数据的名称，要单击名称后面三个点的按钮，出现键盘，如图 4-74 所示，输入所需要的名称，单击"确定"。

图 4-74　修改名称

7）范围为全局，存储类型为变量，任务和模块如图 4-75 中所示，不用更改。

图 4-75　数据声明界面

8）单击界面左下方的"初始值"，出现图 4-76 所示的界面，程序数据布尔数据"bool"的初始值有 TRUE 和 FALSE 两种，可以根据需要选择初始值，假设将初始值设定为 TRUE，然后单击"确定"。

图 4-76　单击"初始值"

9）返回数据声明界面，然后单击"确定"，如图 4-77 所示。

图 4-77　确定修改

10）至此，完成了建立程序数据布尔数据 bool 的操作，如图 4-78 所示。

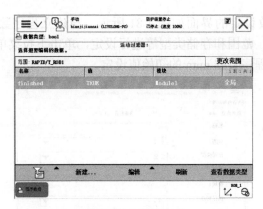

图 4-78　添加完成

## 2. 建立程序数值数据 num

建立程序数值数据 num 和建立程序数据布尔数据 bool 的步骤基本相同。

1）进入 ABB 主菜单，单击"程序数据"，如图 4-63 所示。

2）如果显示的已用数据类型中没有 num，可以单击右下角的"视图"按钮，选中全部数据类型，在图 4-79 所示的全部数据类型中，选择"num"。

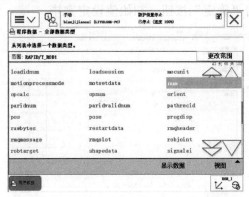

图 4-79　选择"num"

3）单击"显示数据"，出现图 4-80 所示的界面，然后单击"新建"，进入数据参数设定的界面。

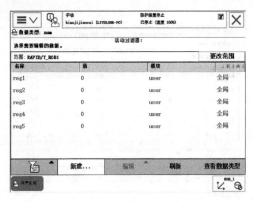

图 4-80　单击"新建"

4）数据参数设定的界面如图 4-81 所示。与建立程序数据布尔数据 bool 相同，要对名称、范围和存储类型等进行设定，单击下拉菜单选择需要设定的参数，不同的是程序数据 num 的初始值设定。

图 4-81　数据参数设定的界面

5）单击界面初始值后，出现图 4-82 所示的界面，在对应的"值"的位置单击，出现图 4-82 所示的小键盘，可以根据程序需要输入初始值，例如输入"5"，然后单击"确定"按钮，初始值设定完毕。

图 4-82　修改初始值

6）在新数据声明界面继续单击"确定"，完成程序数据的建立，如图 4-83 所示。

图 4-83　程序数据建立完成

7）也可以选中其他的已编辑的数据，然后单击"编辑"，如图4-84所示，更改声明或者更改值，更改声明也就是对数据名称、范围、存储类型等进行更改，更改值就是对初始值进行更改，根据程序需要进行相应的操作。

图4-84　编辑数据

建立其他的程序数据，方法是相同的，在全部数据类型或者已用数据类型里选择所需要的数据类型，然后进行相关参数的设定。

# 项目三　使用基本指令

【知识点】

◎ RAPID 程序的组成及架构
◎ 常用的 RAPID 程序指令（运动指令、I/O 控制指令、赋值指令和条件逻辑判断指令等）

【技能点】

◎ 能够进行 RAPID 程序的建立
◎ 掌握常用 RAPID 指令的使用方法

教学视频：
RAPID 程序

## 任务一　认识 RAPID 程序

【任务描述】

了解 RAPID 程序的定义，认识 RAPID 程序的基本组成及架构。

【知识学习】

RAPID 程序中包含了一连串控制机器人的指令，执行这些指令可以实现对机器人的控制操作。

应用程序是使用 RAPID 编程语言的特定词汇和语言编写而成的。RAPID 是一种英文编程语言，所包含的指令可以移动机器人、设置输出、读取输入，还能实现决策、重复其他指令、构造程序，与系统操作员交流等功能。RAPID 程序的基本架构见表 4-18。

表 4-18　RAPID 程序的基本架构

| RAPID 程序 | | | |
|---|---|---|---|
| 程序模块 1 | 程序模块 2 | 程序模块 3 | 系统模块 |
| 程序数据 | 程序数据 | …… | 程序数据 |
| 主程序 main | 例行程序 | …… | 例行程序 |
| 例行程序 | 中断程序 | …… | 中断程序 |
| 中断程序 | 功能 | …… | 功能 |
| 功能 | | | |

RAPID 程序的架构说明如下：

1）RAPID 程序是由程序模块与系统模块组成的。一般地，只通过新建程序模块来构建机器人的程序，而系统模块多用于系统方面的控制。

2）可以根据不同的用途创建多个程序模块，如专门用于主控制的程序模块，用于位置计算的程序模块，用于存放数据的程序模块，这样便于归类管理不同用途的例行程序与数据。

3）每一个程序模块包含了程序数据、例行程序、中断程序和功能四种对象，但是不一定在一个模块中都有这四种对象。程序模块之间的数据，例行程序、中断程序和功能都是可以互相调用的。

4）在 RAPID 程序中，只有一个主程序 main，并且存在于任意一个程序模块中，并且是作为整个 RAPID 程序执行的起点。

# 任务二　建立 RAPID 程序

【任务描述】

在了解 RAPID 程序构成的基础上，能够新建程序模块及例行程序，并能够对新建立的程序进行手动调试及自动运行的操作。

【知识学习】

## 1. 建立程序模块及例行程序

在了解了 RAPID 程序编程的相关操作及基本指令后，现在就通过一个实例来体验一下 ABB 工业机器人的程序编辑。建立 RAPID 程序实例如下：

1）单击"程序编辑器"，打开程序编辑器，如图 4-85 所示。

图 4-85 单击"程序编辑器"

2）在弹出的对话框中单击"取消"按钮，如图 4-86 所示。

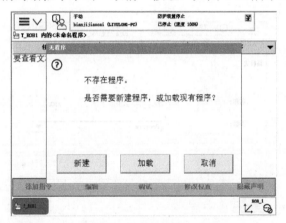

图 4-86 单击"取消"按钮

3）单击"文件"菜单，然后单击"新建模块"，如图 4-87 所示。

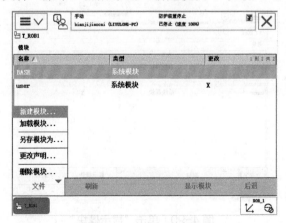

图 4-87 单击"新建模块"

4）在弹出对话框中单击"是"按钮，如图 4-88 所示。

图 4-88 单击"是"按钮

5）通过按钮"ABC"进行模块名称的设定，然后单击"确定"，如图 4-89 所示。

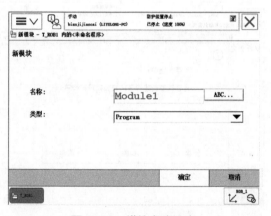

图 4-89 模块名称设定

6）选中模块"Module1"，然后单击"显示模块"，如图 4-90 所示。

图 4-90 单击"显示模块"

7）单击"例行程序"进行例行程序的创建，如图 4-91 所示。

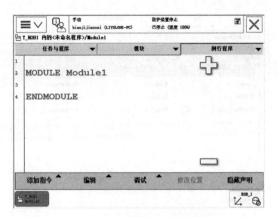

图 4-91 单击"例行程序"

8）打开"文件"菜单，单击"新建例行程序"，如图 4-92 所示。

图 4-92 单击"新建例行程序"

9）首先创建一个主程序，将其名称设定为"main"，然后单击"确定"，如图 4-93 所示。

图 4-93 创建主程序

10）根据步骤 8）和 9）依次建立相关的例行程序：rHome（）、rInitAll（）和 rMoveRoutine（），如图 4-94 所示。

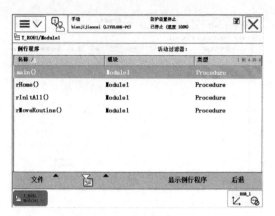

图 4-94 创建其他程序

11）返回主菜单，进入"手动操纵"界面，确认已选择要使用的工具坐标系和工件坐标系，如图 4-95 所示。

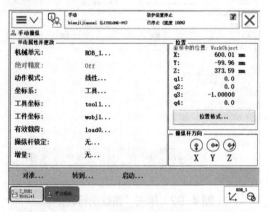

图 4-95 选择工具坐标系和工件坐标系

12）回到程序编辑器，单击"rHome"，然后单击"显示例行程序"，如图 4-96 所示。

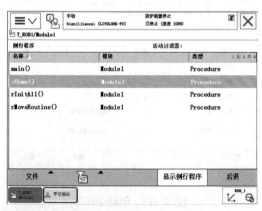

图 4-96 单击"rHome"

13）单击"添加指令"，打开指令列表，如图 4-97 所示。

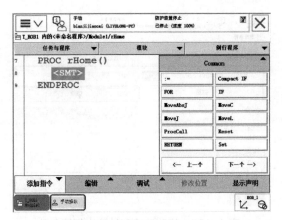

图 4-97　打开指令列表

14）在指令列表中选择"MoveJ"，如图 4-98 所示。

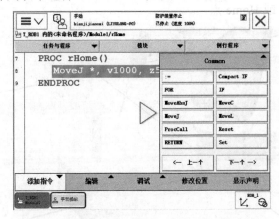

图 4-98　选择"MoveJ"

15）关闭指令列表，双击"*"进入指令参数修改界面，如图 4-99 所示。

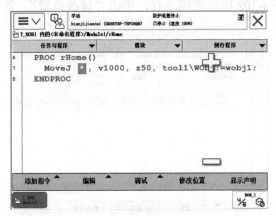

图 4-99　修改目标点名称

16）通过新建或选择对应的参数数据，设定轨迹点名称、速度、转弯半径等数据，如图 4-100 所示。

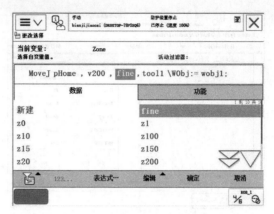

图 4-100　修改速度和转弯半径等参数

17）选择合适的动作模式，将机器人移至图 4-101 所示的位置，作为机器人的空闲等待点或 Home 点。

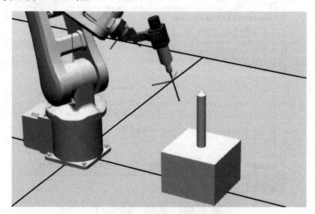

图 4-101　移动工业机器人到 Home 点

18）选中图 4-102 所示的指令行，单击"修改位置"，将机器人的当前位置记录下来。

图 4-102　单击"修改位置"

19）单击"修改"按钮进行位置确认，如图 4-103 所示。

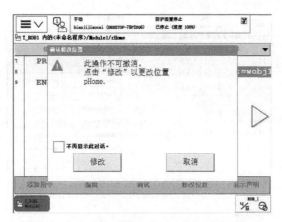

图 4-103　单击"修改"按钮进行位置确认

20）单击"例行程序"，返回新建例行程序界面，如图 4-104 所示。

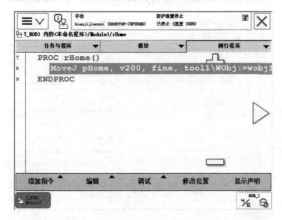

图 4-104　单击"例行程序"

21）单击"rInitAll"，然后单击"显示例行程序"，如图 4-105 所示。

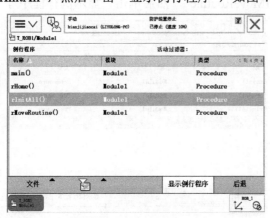

图 4-105　显示例行程序

22）在此例行程序中，在程序运行之前，可以加入需要初始化的参数内容，如速度参数、加速度参数和 I/O 复位等，如图 4-106 所示。

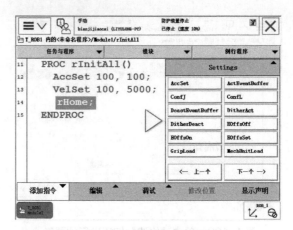

图 4-106　初始化程序界面

23）单击"例行程序"，返回新建例行程序界面，如图 4-107 所示。

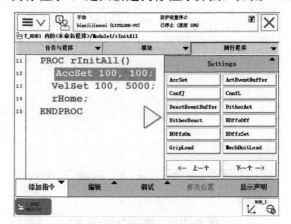

图 4-107　返回新建例行程序界面

24）单击"rMoveRoutine"，然后单击"显示例行程序"，如图 4-108 所示。

图 4-108　单击"显示例行程序"

25）添加运动指令"MoveJ"，并将参数设定为合适的数值，如图 4-109 所示。

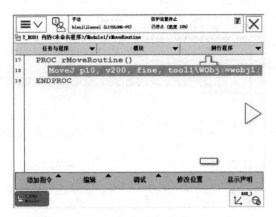

图4-109 添加运动指令"MoveJ"

26）手动操纵机器人，将机器人移至图4-110所示的位置，作为机器人的p10点。

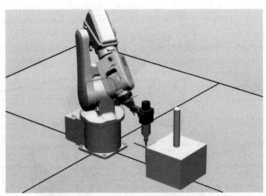

图4-110 将机器人移至p10点

27）选中p10点，单击"修改位置"，并单击"是"按钮，将机器人的当前位置记录到p10中，如图4-111所示。

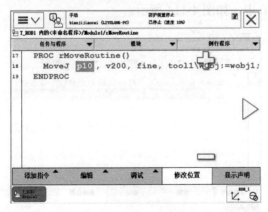

图4-111 单击"修改位置"

28）添加运动指令"MoveL"，并将参数设定为合适的数值，如图4-112所示。

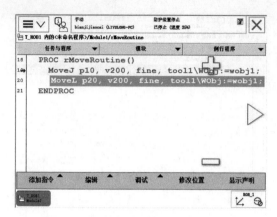

图 4-112　添加运动指令"MoveL"

29）手动操纵机器人，将机器人移至图 4-113 所示的位置，作为机器人 p20 点。

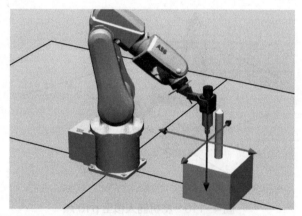

图 4-113　将机器人移至 p20 点

30）选中 p20 点，单击"修改位置"，并单击"是"按钮，将机器人的当前位置记录到 p20 中，如图 4-114 所示。

图 4-114　单击"修改位置"

31）单击"例行程序"，返回新建例行程序界面，如图 4-115 所示。

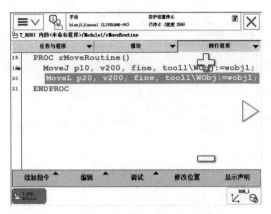

图 4-115 返回新建例行程序界面

32）单击"main"主程序，然后单击"显示例行程序"，进行程序结构的设定，如图 4-116 所示。

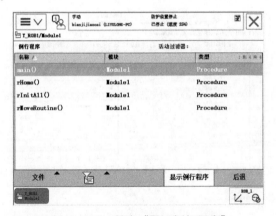

图 4-116 单击"显示例行程序"

33）调用初始化例行程序"rInitAll"，打开"添加指令"列表，单击"ProcCall"，如图 4-117 所示。

图 4-117 添加"ProcCall"指令

34）单击"rInitAll"，然后单击"确定"，如图 4-118 所示。

图 4-118 单击"rInitAll"

35）为将初始化程序隔离开，添加"WHILE"指令，并将条件设定为"TRUE"，如图 4-119 所示。

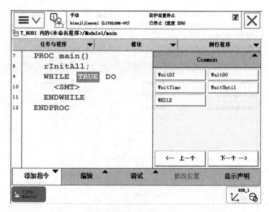

图 4-119 添加"WHILE"指令

36）添加"IF"指令，如图 4-120 所示。

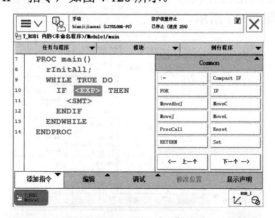

图 4-120 添加"IF"指令

37）选用"IF"指令是为了判断 di1 的状态，当 di1=1 时，才能执行路径运动，所以选中"<EXP>"，并单击"编辑"，如图 4-121 所示。

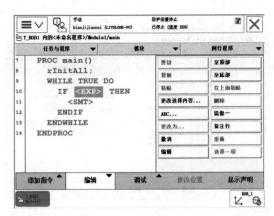

图 4-121　修改判断条件

38）单击"ABC"，输入"di=1"，然后单击"确定"，如图 4-122 所示。

图 4-122　编辑判断条件

39）在"IF"指令下，选中"<SMT>"，然后单击"ProcCall"，依次调用例行程序"rMoveRoutine"和"rHome"，如图 4-123 所示。

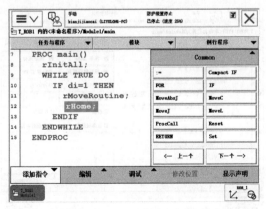

图 4-123　调用例行程序

40）在"IF"指令下方添加"WaitTime"指令，值设定为 0.3s，防止系统CPU 过负荷，如图 4-124 所示。

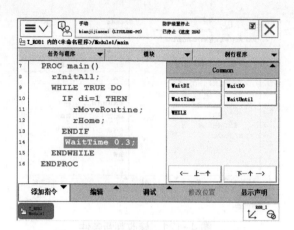

图 4-124　添加"WaitTime"指令

41）单击"调试"，打开调试菜单，如图 4-125 所示。

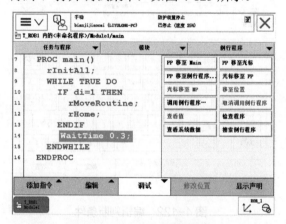

图 4-125　打开调试菜单

42）单击"检查程序"，对程序的语法进行检查，如图 4-126 所示。

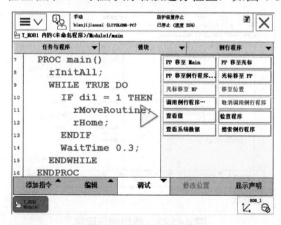

图 4-126　检查程序

43）单击"确定"按钮完成，若有语法错误，系统会提示出错的位置与建议操作，如图 4-127 所示。

图 4-127 确认完成

至此一个简单的 RAPID 程序就建立完成了，可以先进行手动调试，如没有问题，可进行自动运行。

2. 程序的手动调试和自动运行

（1）程序的手动调试 在完成程序的编辑后，通常需要对程序进行调试。调试的目的有两个：一是检查程序中位置点是否正确，二是检查程序中的逻辑控制是否合理和完善。

1）调试 rHome 例行程序。

① 打开调试菜单，单击"PP 移至例行程序"，如图 4-128 所示。

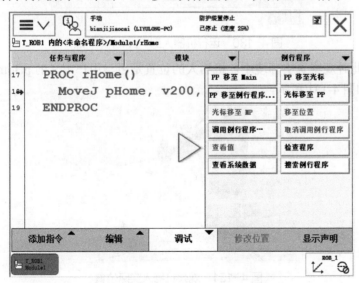

教学视频：程序的手动调试和自动运行

图 4-128 单击"PP 移至例行程序"

② 单击"rHome"，然后单击"确定"，如图 4-129 所示。

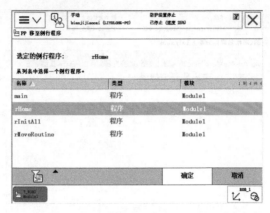

图 4-129　单击"rHome"，然后单击"确定"

③ 手持示教器，按下使能器，进入"电机开启"状态，按一下单步向前按键，当程序指针（黄色小箭头）与小机器人图标指向同一行时，说明机器人已到达"pHome"点位置，如图 4-130 所示。

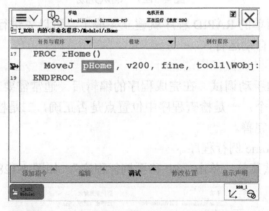

图 4-130　运行机器人到"pHome"点

④ 此时观察真实环境中，机器人的位置是否与用户定义的 pHome 点位置一样，如图 4-131 所示。

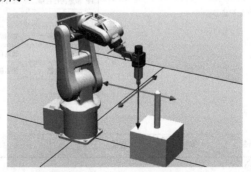

图 4-131　观察机器人实际位置

2）调试 rMoveRoutine 例行程序。

① 打开调试菜单，单击"PP 移至例行程序"，如图 4-132 所示。

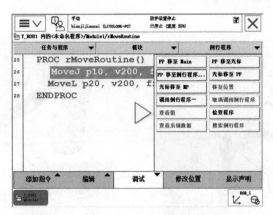

图 4-132 单击"PP 移至例行程序"

② 单击"rMoveRoutine",然后单击"确定",如图 4-133 所示。

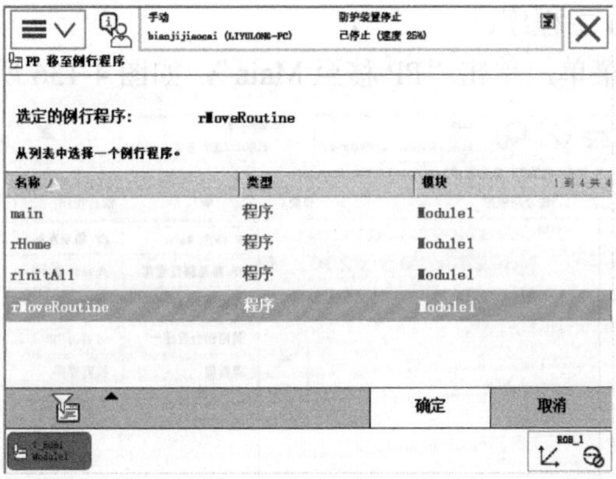

图 4-133 单击"rMoveRoutine",然后单击"确定"

③ 手持示教器,按下使能器,进入"电机开启"状态,按一下单步向前按键,当程序指针(黄色小箭头)与小机器人图标指向同一行时,说明机器人已到达程序中的位置,如图 4-134 所示。

图 4-134 运行机器人到 p20 点

④ 在进行单步调试过程中,可观察每一点的位置是否合适,如图 4-135

所示。

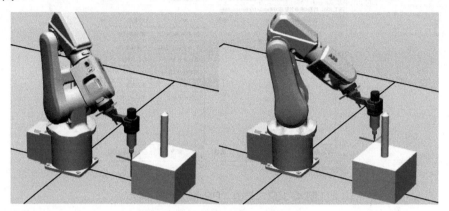

图 4-135　观察机器人实际位置

3）调试 main 主程序。

① 打开调试菜单，单击"PP 移至 Main"，如图 4-136 所示。

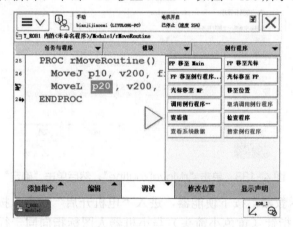

图 4-136　单击"PP 移至 Main"

② 程序指针会自动跳至主程序的第一行指令，如图 4-137 所示。

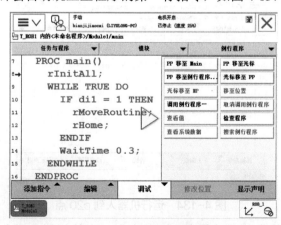

图 4-137　主程序界面

③手持示教器，按下使能器，进入"电机开启"状态，按一下程序启动按键，并小心观察机器人的移动，若过程中需要停止机器人，务必先按下程序停止按键，然后再松开使能器。

（2）程序的自动运行　在手动状态下，完成了对机器人程序的调试后，就可以将机器人投入到自动运行状态。其自动运行的操作步骤如下：

1）将状态钥匙逆时针旋转至自动状态，如图 4-138 所示。

2）在示教器界面上，单击"确定"按钮，确认状态的切换，如图 4-139 所示。

图 4-138　状态钥匙旋转到自动状态　　　　图 4-139　确认状态切换

3）单击"PP 移至 Main"，将程序指针指向主程序的第一行指令，如图 4-140 所示。

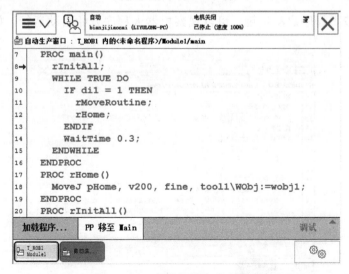

图 4-140　程序指针指向主程序

4）单击"是"按钮，如图 4-141 所示。

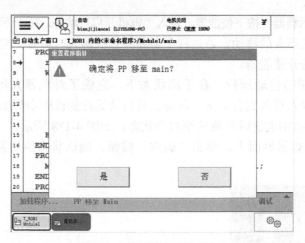

图 4-141　确认移动 PP

5）按下白色按钮，使电动机处于开启状态，如图 4-142 所示。

图 4-142　开启电动机

6）按下程序启动按键，可以观察机器人程序开始自动运行，如图 4-143 所示。

图 4-143　程序开始自动运行

# 任务三 认识常用的 RAPID 程序指令

【任务描述】

了解常用的 RAPID 程序指令，在新用户模块 MainModule 中创建名称为"main"的例行程序作为机器人主程序。以 3D 工作台轨迹编程为例，利用 While 逻辑指令和 TESE-CASE 分支循环指令，利用主程序调用子程序的方法，将已有的 3D 工作台上的三种轨迹程序（sanjiaoxing、yuanxing 和 wailunkuo）作为子程序供主程序调用。

【知识学习】

1. 机器人运动指令

ABB 工业机器人在空间中运动主要有关节运动（MoveJ）、线性运动（MoveL）、圆弧运动（MoveC）和绝对位置运动（MoveAbsJ）四种方式。

1）运动指令 MoveJ。机器人以最快捷的方式运动至目标点，运动状态不完全可控，但运动路径保持唯一，常用于机器人在空间大范围移动。

2）运动指令 MoveL。机器人以线性方式运动至目标点，当前点与目标点两点决定一条直线，机器人运动状态可控，运动路径保持唯一，可能出现死点，常用于机器人在工作状态下移动。

3）运动指令 MoveC。机器人通过中心点以圆弧方式移动至目标点，当前点、中间点与目标点三点决定一段圆弧，机器人运动状态可控，运动路径保持唯一，常用于机器人在工作状态下移动。注意：不可能通过一个 MoveC 指令完成一个圆。

4）运动指令 MoveAbsJ。机器人以单轴运行的方式运动至目标点，绝对不存在死点，运动状态完全不可控，应避免在正常生产中使用此指令，常用于检查机器人零点位置，指令中 TCP 与 wobj 只与运行速度有关，与运动位置无关。

（1）绝对位置运动指令

1）单击"手动操纵"，如图 4-144 所示。

图 4-144 单击"手动操纵"

教学视频：机器人运动指令

2）确定已选定工具坐标和工件坐标（注意：当再添加或修改机器人的运动指令之前，一定要确认所使用的工具坐标和工件坐标），如图4-145所示。

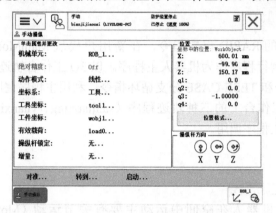

图4-145　确认工具坐标和工件坐标

3）单击"<SMT>"，开始添加指令，如图4-146所示。

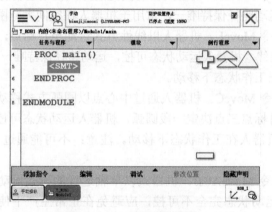

图4-146　开始添加指令

4）打开"添加指令"菜单，如图4-147所示。

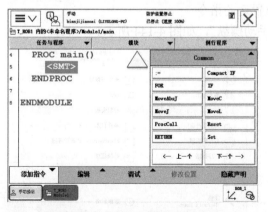

图4-147　打开"添加指令"菜单

5）单击"MoveAbsJ"指令，如图4-148所示。

图4-148 单击"MoveAbsJ"指令

"MoveAbsJ"指令解析见表4-19。

表4-19 "MoveAbsJ"指令解析

| 参 数 | 定 义 |
|---|---|
| * | 目标点位置数据 |
| \NoEOffs | 外轴不带偏移数据 |
| V1000 | 运动速度数据，1000mm/s |
| Z50 | 转弯区数据，转弯区的数值越大，机器人的动作越圆滑与流畅 |
| Tool1 | 工具坐标数据 |
| Wobj1 | 工件坐标数据 |

使用绝对位置运动指令，机器人的运动通过六个轴和外轴的角度值来定义目标位置数据，"MoveAbsJ"常用于机器人六个轴回到机械原点的位置。

（2）关节运动指令 如图4-149所示，添加两条"MoveJ"指令。

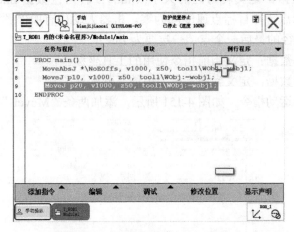

图4-149 添加两条"MoveJ"指令

关节运动指令用于在对路径精度要求不高的情况下，机器人的TCP从一个位置移动到另一个位置，两个位置之间的路径不一定是直线，关节运动示意图如图4-150所示。

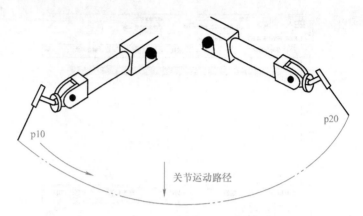

图 4-150 关节运动示意图

"MoveJ"指令解析见表 4-20。

表 4-20 "MoveJ"指令解析

| 参 数 | 含 义 |
| --- | --- |
| p10、p20 | 目标点位置数据 |
| V1000 | 运动速度数据 |

关节运动指令适合机器人大范围运动，不容易在运动过程中出现关节轴进入机械死点的问题。

目标点位置数据：定义机器人。

TCP 的运动目标可以在示教器中单击"修改位置"进行修改。

运动速度数据：定义速度（mm/s）；在手动限速状态下，所有运动速度被限速在 250mm/s。

转弯区数据：定义转弯区的大小（mm）；转弯区数据 fine，是指机器人 TCP 达到目标点，在目标点速度降为零。机器人动作有所停顿后再向下运动，如果是一段路径的最后一个点，一定要为 fine。

工具坐标数据：定义当前指令使用的工具坐标。

工件坐标数据：定义当前指令使用的工件坐标。

（3）线性运动指令 如图 4-151 所示，添加两条"MoveL"指令。

图 4-151 添加两条"MoveL"指令

线性运动是机器人的 TCP 从起点到终点之间的路径始终保持为直线。一般如焊接和涂胶等应用对路径要求高的场合使用此指令。线性运动示意图如图4-152 所示。

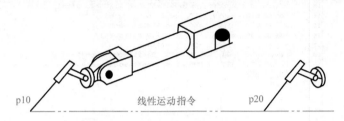

图 4-152　线性运动示意图

（4）圆弧运动指令　如图 4-153 所示，添加两条"MoveC"指令。

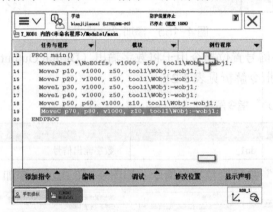

图 4-153　添加两条"MoveC"指令

圆弧路径是在机器人可到达的空间范围内定义三个位置点，第一个点是圆弧的起点，第二个点用于圆弧的曲率，第三个点是圆弧的终点。圆弧运动示意图如图 4-154 所示。

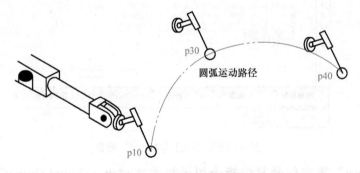

图 4-154　圆弧运动示意图

### 2. I/O 控制指令

I/O 控制指令用于控制 I/O 信号，以达到与机器人周边设备进行通信的目的。下面介绍基本的 I/O 控制指令。

（1）"Set"数字信号置位指令　如图 4-155 所示，添加"Set"指令。

图 4-155 添加"Set"指令

"Set"数字信号置位指令用于将数字输出（Digital Output）置位为"1"。"Set do1"指令解析见表 4-21。

表 4-21 "Set do1"指令解析

| 参　数 | 含　义 |
| --- | --- |
| do1 | 数字输出信号 |

（2）"Reset"数字信号复位指令　如图 4-156 所示，添加"Reset"指令。

图 4-156 添加"Reset"指令

"Reset"数字信号复位指令用于将数字输出（Digital Output）置位为"0"；如果在"Set""Reset"指令前有运动指令 MoveL、MoveJ、MoveC、MoveAbsJ 的转弯区数据，必须使用 fine 才可以准确地输出 I/O 信号状态的变化。

（3）"WaitDI"数字输入信号判断指令　如图 4-157 所示，添加"WaitDI"指令。

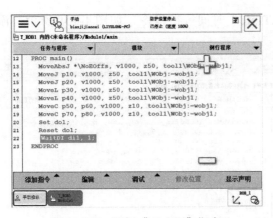

图 4-157  添加"WaitDI"指令

"WaitDI"数字输入信号判断指令用于判断数字输入信号的值是否与目标一致。

"WaitDI"指令解析见表 4-22。

表 4-22  "WaitDI"指令解析

| 参　　　数 | 含　　　义 |
| --- | --- |
| di1 | 数字输入信号 |
| 1 | 判断的目标值 |

在程序执行此指令时，等待 di1 的值为 1。如果 di1 的值为 1，则程序继续往下执行；如果达到最大等待时间 300s（这个时间可以根据实际进行设定）以后，di1 的值还不为 1，则机器人报警或进入出错处理程序。

（4）"WaitDO"数字输出信号判断指令　如图 4-158 所示，添加"WaitDO"指令。

"WaitDO"数字输出信号判断指令用于判断数字输出信号的值是否与目标一致。在程序执行此指令时，等待 do1 的值为 1。如果 do1 为 1，则程序继续往下执行；如果达到最大等待时间 300s 以后，do1 的值还不为 1，则机器人报警或进入出错处理程序。

图 4-158  添加"WaitDO"指令

（5）"WaitTime"时间等待指令　如图 4-159 所示，添加"WaitTime"指令。

图 4-159　添加"WaitTime"指令

图 4-159 所示的设置表示等待 4s 以后，程序向下执行指令；"WaitTime"时间等待指令用于程序在等待一个指定的时间以后，再继续向下执行。

3. 赋值指令

"：="赋值指令用于对程序数据进行赋值。赋值可以是一个常量或数学表达式。下面以添加一个常量赋值与数学表达式赋值为例说明此指令的使用方法。

常量赋值：reg1：= 5。

数学表达式赋值：reg2：= reg1+4。

（1）添加常量赋值指令操作

1）在指令列表中选择"：="，如图 4-160 所示。

教学视频：
赋值指令

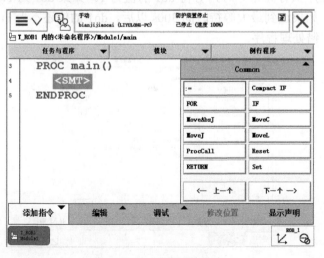

图 4-160　添加赋值指令

2）单击"更改数据类型"，选择"num"数字型数据，如图 4-161 所示。

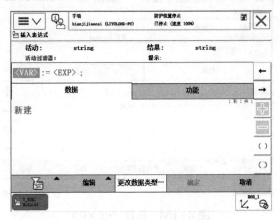

图 4-161　单击"更改数据类型"

3）在列表中找到"num"并选择，然后单击"确定"，如图 4-162 所示。

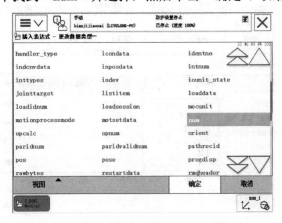

图 4-162　选择"num"

4）选择"reg1"，如图 4-163 所示。

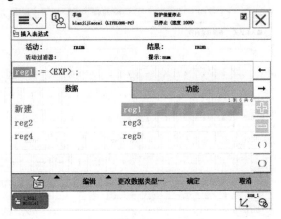

图 4-163　选择"reg1"

5）选择"<EXP>"并显示蓝色高亮，如图 4-164 所示。

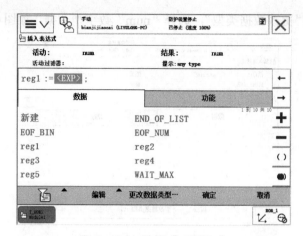

图 4-164　选择"<EXP>"

6）打开"编辑"菜单，单击"仅限选定内容"，如图 4-165 所示。

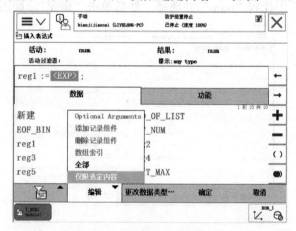

图 4-165　单击"仅限选定内容"

7）通过软键盘输入数字"5"，然后单击"确定"，如图 4-166 所示。

图 4-166　修改值

8）单击"确定"，如图 4-167 所示。

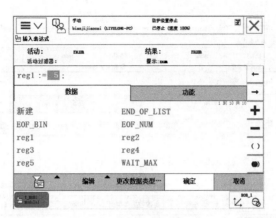

图 4-167 确认指令

9）在程序编辑窗口中能看见所添加的指令，如图 4-168 所示。

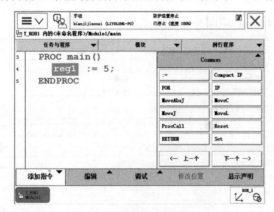

图 4-168 赋值指令添加完成

（2）添加带数学表达式的赋值指令的操作

1）在指令列表中选择 "：="，如图 4-168 所示。

2）选择 "reg2"，如图 4-169 所示。

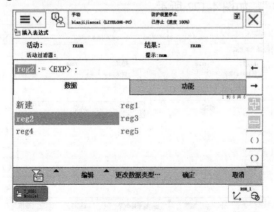

图 4-169 选择 "reg2"

3）选择 "<EXP>"，显示为蓝色高亮，如图 4-170 所示。

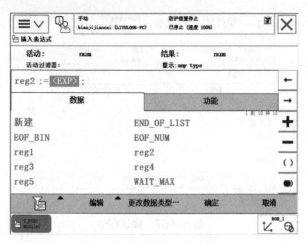

图 4-170　选择"<EXP>"

4）选择"reg1"，如图 4-171 所示。

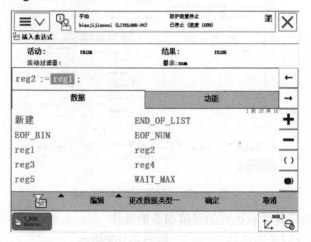

图 4-171　选择"reg1"

5）单击"+"，如图 4-172 所示。

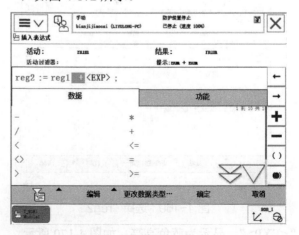

图 4-172　单击"+"

6）选择"<EXP>"，显示为蓝色高亮，如图 4-173 所示。

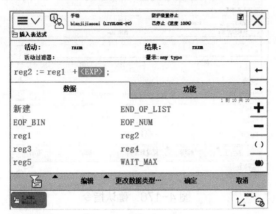

图 4-173 选择"<EXP>"

7）打开"编辑"菜单，单击"仅限选定内容"，如图 4-174 所示。

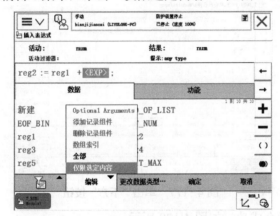

图 4-174 单击"仅限选定内容"

8）通过软键盘输入数字"4"，然后单击"确定"，如图 4-175 所示。

图 4-175 输入数字"4"并单击"确定"

9）单击"确定"，如图 4-176 所示。

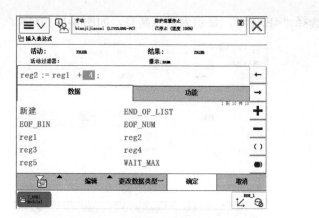

图 4-176　确认指令

10）在弹出对话框中单击"下方"按钮，如图 4-177 所示。

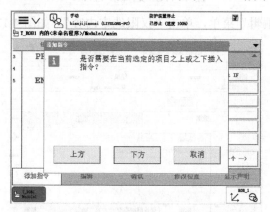

图 4-177　单击"下方"按钮

11）添加指令成功，如图 4-178 所示。

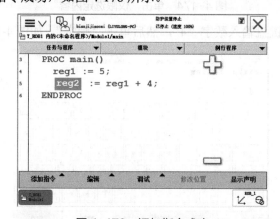

图 4-178　添加指令成功

### 4. 条件逻辑判断指令

条件逻辑判断指令用于对条件进行判断后，执行相应的操作，是 RAPID 程序中重要的组成部分。

（1）"Compact IF"紧凑型条件判断指令 "Compact IF"紧凑型条件判断指令用于当一个条件满足了以后，就执行一句指令。如图 4-179 所示，如果 flag1 的状态为 TRUE，则 do1 被置位为 1。

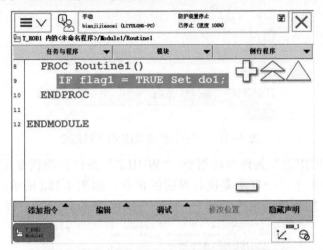

教学视频：条件逻辑判断指令

图 4-179 "Compact IF"紧凑型条件判断指令

（2）"IF"条件判断指令 "IF"条件判断指令用于根据不同的条件去执行不同的指令。

如果 num1 为 1，则 flag1 会赋值为 TRUE；如果 num1 为 2，则 flag1 会赋值为 FALSE，如图 4-180 所示。

除了以上两种条件之外，则执行 do1 置位为 1。

条件判定的条件数量可以根据实际情况进行增加与减少。

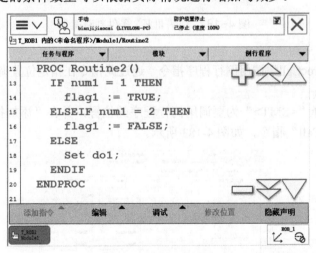

图 4-180 "IF"条件判断指令

（3）"FOR"重复执行判断指令 "FOR"重复执行判断指令适用于一个或多个指令需要重复执行数次的情况。如图 4-181 所示，例行程序 main 将重复执行 10 次。

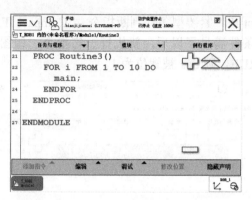

图 4-181 "FOR"重复执行判断指令

（4）"WHILE"条件判断指令 "WHILE"条件判断指令用于在给定条件满足的情况下，一直重复执行对应的指令。如图 4-182 所示，在"num1"＞"num2"的条件满足的情况下，就一直执行"num1:=num1-1"的操作。

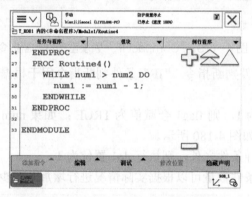

图 4-182 "WHILE"条件判断指令

5. 其他常用指令

（1）"ProcCall"调用例行程序指令 通过此指令在指定位置调用例行程序。其操作如下：

1）选择"<SMT>"为要调用例行程序的位置，并在"添加指令"列表中选择"ProcCall"指令，如图 4-183 所示。

教学视频：其他常用指令

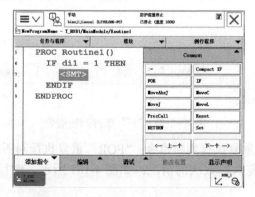

图 4-183 选择"ProcCall"指令

2）选中要调用的例行程序，然后单击"确定"，如图 4-184 所示。

图 4-184　选中要调用的例行程序

3）调用例行程序完毕，如图 4-185 所示。

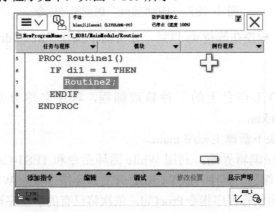

图 4-185　调用例行程序完毕

（2）"RETURN"返回例行程序指令　当此指令被执行时，则马上结束本例行程序的执行，返回程序指针到调用此例行程序的位置，如图 4-186 所示。

图 4-186　"RETURN"返回例行程序指令

当 di1=1 时，执行"RETURN"指令，程序指针返回到调用"Routine2"

的位置并继续向下执行"Set do1"这个指令。

（3）"WaitTime"时间等待指令　该指令用于程序在等待一个指定的时间以后，再继续向下执行。如图 4-187 所示。

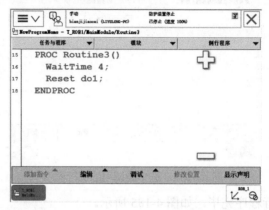

图 4-187 "WaitTime"时间等待指令

"Routine3"程序在等待 4s 以后，才会向下执行"Reset do1"指令。

【任务实施】

技能实操视频：循环技术编程

1）实现 3D 工作台上的三种轨迹编程，程序名称分别为 sanjiaoxing、yuanxing、wailunkuo。

2）在此模块下新建主程序 main。

3）在主程序编辑界面，利用 While 循环指令和 TEST-CASE 分支循环指令完成循环技术编程，其中 TEST-CASE 分支循环指令嵌入 While 指令中。

4）使用调用例行程序指令 ProcCal，依次将已有的子程序输入到主程序中。

5）以变量组输入信号 gi1（占用地址为 0-3）的值为判断条件，根据 gi1 值的不同，而执行不同的程序。例如：当 gi1 值为 1 时，执行 sanjiaoxing 程序；当 gi1 值为 2 时，执行 yuanxing 程序；当 gi1 值为 4 值时，执行 wailunkuo 程序，如图 4-188 所示。

```
PROC main()
    WHILE TRUE DO
        TEST gi1
        CASE 1:
            sanjiaoxing;
        CASE 2:
            yuanxing;
        CASE 4:
            wailunkuo;
        ENDTEST
    ENDWHILE
ENDPROC
```

图 4-188 main 程序代码

6）当程序编辑完成后，分别在手动慢速和自动运行模式下测试程序。

# 项目四　使用特殊指令

【知识点】

◎ 常用的 FUNCTION 功能
◎ RAPID 程序的特殊指令（分支循环指令、GOTO 指令和运动设定指令）
◎ 中断程序 TRAP

【技能点】

◎ 掌握常用 FUNCTION 功能的设定方法（Abs 功能和 Offs 功能）
◎ 掌握 RAPID 程序特殊指令的使用方法
◎ 掌握中断程序 TRAP 的设定方法

## 任务一　使用 FUNCTION 功能

【任务描述】

了解常用的 FUNCTION 功能，以 Abs 功能和 Offs 功能为例，掌握常用 FUNCTION 功能的使用方法。

【知识学习】

ABB 工业机器人 RAPID 程序中的功能（FUNCTION）类似于指令并且在执行完以后可以返回一个数值。使用功能可以有效地提高编程和程序执行的效率。

功能 Abs 如图 4-189 所示，是对操作数 reg5 进行取绝对值的操作，然后将结果赋值给 reg1。

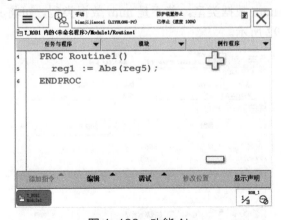

教学视频：
FUNCTION
功能的使用

图 4-189　功能 Abs

功能 Offs 如图 4-190 所示，在 Routine1 程序中，其作用是基于位置目标点 p10 在 X 方向偏移 100mm，Y 方向偏移 200mm，Z 方向偏移 300mm。而在 Routine2 中，执行结果与 Routine1 一样，但执行的效率不如 Routine1 高。

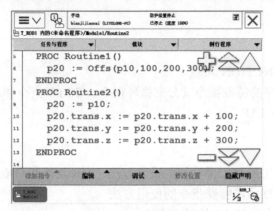

图 4-190　功能 Offs

### 1. 添加功能 reg1:=Abs（reg2）的操作方法

1）打开"添加指令"列表，选择"：="赋值指令，如图 4-191 所示。

图 4-191　选择赋值指令

2）确定为 num 数据类型，若不是 num 数据类型，可将其更改为该数据类型，如图 4-192 所示。

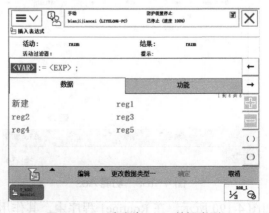

图 4-192　确定为 num 数据类型

3）选择"reg1"，如图 4-193 所示。

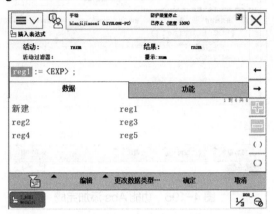

图 4-193　选择"reg1"

4）选择赋值指令后的"<EXP>"，并单击"功能"标签，如图4-194所示。

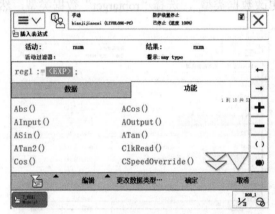

图 4-194　选择赋值指令后的"<EXP>"

5）选择"Abs（）"功能，然后选择"reg2"，如图 4-195 所示。

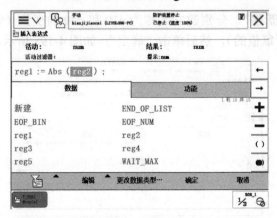

图 4-195　选择"reg2"

6）单击"确定"，完成添加功能 Abs 的操作，如图 4-196 所示。

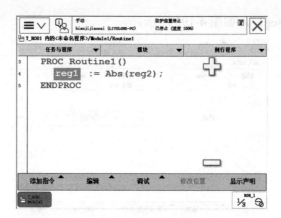

图4-196　功能Abs添加完成

### 2. 添加功能 p20:=Offs（p10,100,200,300）; 的操作

1）打开"添加指令"列表，选择":="赋值指令，如图4-191所示。

2）单击"更改数据类型"，选择"robtarget"数据类型，然后单击"确定"，如图4-197所示。

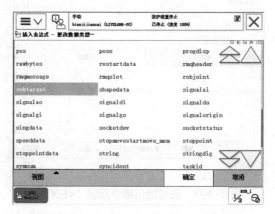

图4-197　选择"robtarget"数据类型

3）单击"新建"，分别建立名称为p10和p20的变量（常量是不可以通过赋值指令进行赋值的），然后单击"确定"，如图4-198所示。

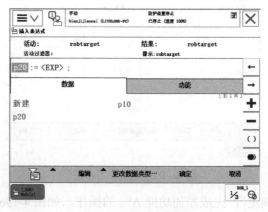

图4-198　建立变量

4）选择赋值指令后的"<EXP>"，单击"功能"标签，如图 4-199 所示。

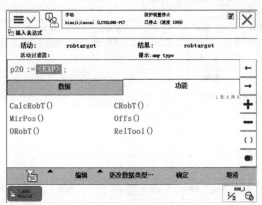

图 4-199　选择赋值指令后的"<EXP>"

5）选择"Offs（）"功能，如图 4-200 所示。

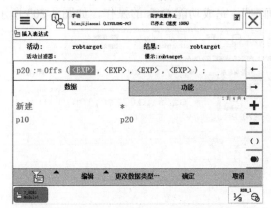

图 4-200　选择"Offs（）"功能

6）选择"p10"，如图 4-201 所示。

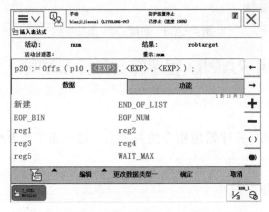

图 4-201　选择"p10"

7）对后面三个 <EXP> 分别编辑输入 X、Y、Z 方向的偏移值 100mm、200mm、300mm，如图 4-202 所示。

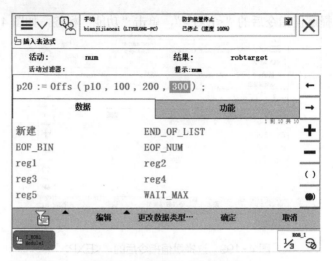

图 4-202　编辑各方向偏移值

8）单击"确定"，完成功能 Offs 的操作，如图 4-203 所示。

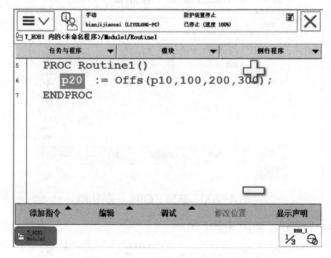

图 4-203　功能 Offs 添加完成

# 任务二　使用 RAPID 程序特殊指令及功能

【任务描述】

在了解 RAPID 程序常用指令的基础上，进一步了解 RAPID 程序特殊指令及功能。

【知识学习】

### 1.TEST-CASE 分支循环指令

TEST-CASE 指令用于对一个变量进行判断，从而执行不同的程序。TEST 指令传递的变量用作开关，根据变量值不同跳转到预定义的 CASE

指令，达到执行不同程序的目的。如果未找到预定义的 CASE，会跳转到 DEFAULT 段（事先已定义）。应用实例如下：

```
MODULE Module1
    PROC Routine1（） 例行程序文件名称
        TEST number
        CASE 1:                变量值为 1 时
            !chengxu
            <SMT>
        CASE 2:                变量值为 2 时
            !chengxu
            <SMT>
        CASE 3:                变量值为 3 时
            !chengxu
            <SMT>
        DEFAULT:               除变量值为 1，2，3 的情况
            !chengxu
            <SMT>
        ENDTEST
    ENDPROC
ENDMODULE
```

教学视频：
RAPID 程序特
殊指令及功能

### 2.GOTO 指令

GOTO 指令用于跳转到例行程序内标签的位置，配合 Label 指令（跳转标签）使用。在如下的 GOTO 指令应用实例中，执行 Routine1 程序过程中，当判断条件 di1=1 时，程序指针会跳转到带跳转标签 rHome 的位置，开始执行 Routine2 的程序。

```
MODULE Module1
    PROC Routine1（）
        rHome:              跳转标签 Label 的位置
        Routine2;
        IF di1 = 1 THEN
            GOTO rHome;
        ENDIF
    ENDPROC
PROC Routine2（）
  MoveJ p10, v1000, z50, tool0;
  ENDPROC
ENDMODULE
```

### 3. 运动设定指令 VelSet、AccSet

（1）速度设定指令 VelSet　VelSet 指令用于设定最大的速度和倍率。该指

令仅可用于主任务 T_ROB1，在 MultiMove 系统中可用于运动任务中。

```
MODULE Module1
PROC Routine1 ( )
VelSet 50, 400;
MoveL p10, v1000, z50, tool0;
MoveL p20, v1000, z50, tool0;
MoveL p30, v1000, z50, tool0;
ENDPROC
ENDMODULE
```

将所有的编程速率降至指令中值的 50%，但不允许 TCP 速率超过 400mm/s，即点 p10、p20 和 p30 的速度是 400mm/s。

（2）加速度设定指令 AccSet  AccSet 可定义机器人的加速度。当处理不同机器人负载时，允许增加或降低加速度，使机器人移动更加顺畅。该指令仅可用于主任务 T_ROB1，在 MultiMove 系统中可用于运动任务中。

```
AccSet 50, 100 ;
```

加速度限制到正常值的 50%。

```
AccSet 100, 50 ;
```

加速度坡度限制到正常值的 50%。

# 任务三　使用中断程序 TRAP

【任务描述】

了解中断程序 TRAP 的作用及适用范围，通过实际的例子，完成中断指令的配置和设定。

【知识学习】

在程序执行过程中，如果发生需要紧急处理的情况，就要中断当前执行程序，马上跳转到专门的程序中对紧急情况进行相应处理，处理结束后返回至中断的地方继续往下执行程序。专门用来处理紧急情况的专门程序称为中断程序（TRAP）。

中断程序经常用于处理运行中出现的错误、外部信号的响应要求高的场合。

以下面的情况为例，创建一个中断程序。

1）在正常情况下，di1 的信号为 0。

2）如果 di1 的信号从 0 变为 1 时，就对 reg1 数据进行加 1 的操作。

创建步骤如下：

1）创建一个中断程序，在"类型"中选择"中断"，然后单击"确定"，如图 4-204 所示。

图 4-204 创建中断程序

2）在新建的中断程序中添加赋值指令，格式为"reg1：=reg1+1；"，如图 4-205 所示。

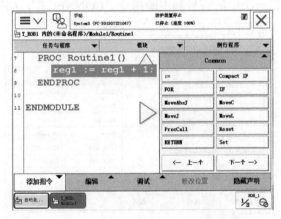

图 4-205 在新建的中断程序中添加赋值指令

3）在 main 模块中添加取消指定的中断指令"IDelete"，如图 4-206 所示。

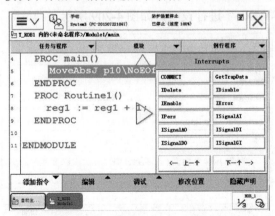

图 4-206 添加取消指定的中断指令

4）在 IDelete 中选择"intnol"，如果没有，就新建一个，然后单击"确定"，如图 4-207 所示。

图 4-207　在 IDelete 中选择"intno1"

5）添加连接一个中断符号到中断指令"CONNECT"，如图 4-208 所示。

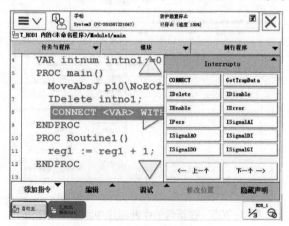

图 4-208　添加连接中断符号

6）双击"<VAR>"进行设定，如图 4-209 所示。

图 4-209　更改 RAPID 目标名称参考

7）选择"intnol"，然后单击"确定"，如图4-210所示。

图4-210 选择"intnol"

8）双击"ID"进行设定，如图4-211所示。

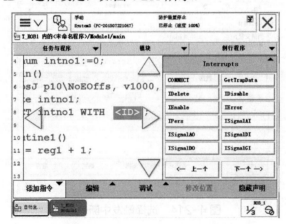

图4-211 双击"ID"进行设定

9）选择要关联的中断程序"Routine1"，然后单击"确定"，如图4-212所示。

图4-212 选择关联的中断程序

10）添加一个触发中断信号指令"ISignalDI"，如图4-213所示。

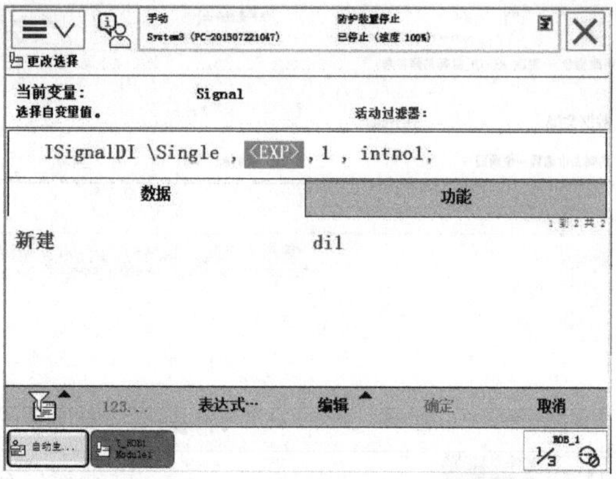

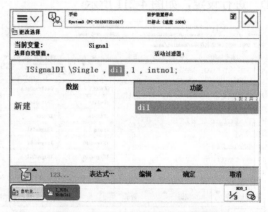

图4-213　添加触发中断信号指令

11）选择触发中断信号"di1"，如图4-214所示。

图4-214　选择触发中断信号

12）ISignalDI 中的 Single 参数启用，则此中断只会响应 di1 一次；若要重复响应，则将其去掉，如图4-215所示。

图4-215　启用 Single 参数

13）将 Single 参数关闭的具体操作如图 2-215 所示，先选择"ISignalDI"，然后单击进入到选择更改变量的界面。

14）单击"可选变量"，如图 4-216 所示。

图 4-216　单击"可选变量"

15）单击"\Single"进入设定界面，如图 4-217 所示。

图 4-217　设定界面

16）选择"\Single"，然后单击"未使用"，单击"关闭"，如图 4-218 所示。

图 4-218　单击"未使用"

17）设定完后，单击"确定"，如图 4-219 所示。

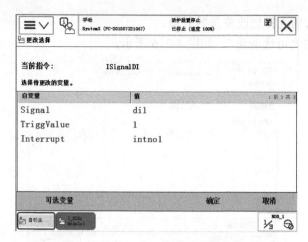

图4-219　设定完成

不需要在程序中对该中断程序进行调用，定义触发条件的语句一般放在初始化程序中，当程序启动运行完该定义触发条件的指令一次后，则进入中断监控。当数字输入信号 di1 变为 1 时，则机器人立即执行 tTrap 中的程序。运行完成之后，指针返回至触发该中断的程序位置继续往下执行。

# 项目五　管理机器人程序

【知识点】

◎ 程序模块及例行程序的管理

【技能点】

◎ 掌握程序模块的创建、加载、保存、重命名和删除等操作方法
◎ 掌握例行程序的新建、复制、移动和删除等操作方法

## 任务一　管理机器人程序模块

【任务描述】

在了解 RAPID 程序组成的基础上，能够对程序模块进行相关操作，例如程序模块的创建、加载、保存、重命名和删除等。

【知识学习】

1. 创建新模块

1）进入 ABB 主菜单，单击"程序编辑器"，如图 4-220 所示。

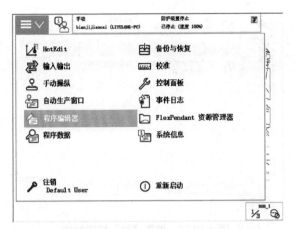

图4-220 进入 ABB 主菜单，单击"程序编辑器"

2）在弹出的对话框中单击"取消"按钮，如图4-221所示。

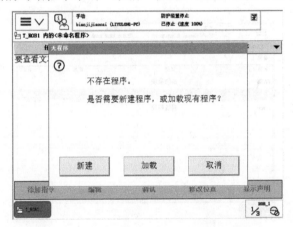

图4-221 在对话框中单击"取消"按钮

3）单击文件菜单中的"新建模块"，如图4-222所示。

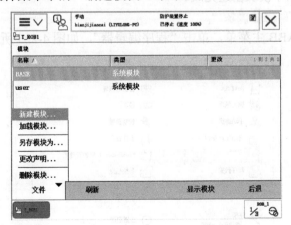

图4-222 单击文件菜单中的"新建模块"

4）新建模块将丢失程序指针，单击"是"按钮继续，如图4-223所示。

图 4-223　单击"是"按钮继续

5）单击"ABC"可自定义模块名称，然后单击"确定"，如图 4-224 所示。

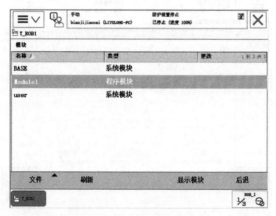

图 4-224　定义模块名称

6）新的程序模块创建完成。

2. 加载现有程序模块

1）进入 ABB 主菜单，单击"程序编辑器"，如图 4-225 所示。

图 4-225　单击"程序编辑器"

2）单击文件菜单中的"加载模块"，如图 4-226 所示。

图 4-226 单击"加载模块"

3）添加新的模块后，将丢失程序指针，单击"是"按钮继续，如图 4-227 所示。

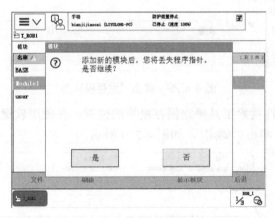

图 4-227 单击"是"按钮

4）定位要加载的模块的路径，选择模块后，单击"确定"，程序模块将被加载，如图 4-228 所示。

图 4-228 程序模块加载完成

### 3. 保存程序模块

1）进入 ABB 主菜单，单击"程序编辑器"，如图 4-220 所示。

2）选择要保存的模块，并单击文件菜单中的"另存模块为"，如图 4-229 所示。

图 4-229 单击"另存模块为"

3）使用文件搜索工具确定保存模块的位置，并使用软键盘输入模块另存后的名称，然后单击"确定"，如图 4-230 所示。

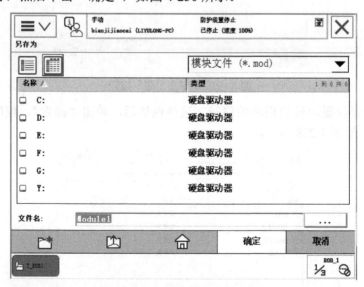

图 4-230 确认模块保存位置

### 4. 重命名程序模块和更改模块类型

1）进入 ABB 主菜单，单击"程序编辑器"，如图 4-220 所示。

2）选择要更改的模块，单击文件菜单中的"更改声明"，如图 4-231 所示。

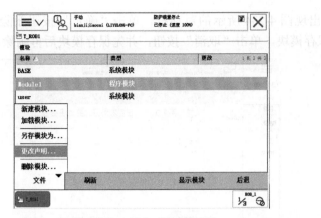

图 4-231 单击"更改声明"

3）使用 ABC 软键盘可更改名称，在类型一行可更改模块类型，然后单击"确定"，如图 4-232 所示。

图 4-232 确认更改

5. 删除程序模块

1）进入 ABB 主菜单，单击"程序编辑器"，如图 4-220 所示。

2）选中要删除的模块，单击文件菜单中的"删除模块"，如图 4-233 所示。

图 4-233 单击"删除模块"

3）出现图 4-234 所示的对话框，单击"确定"按钮删除模块但不保存。若想先保存模块，单击"取消"按钮，并先保存模块后再删除。

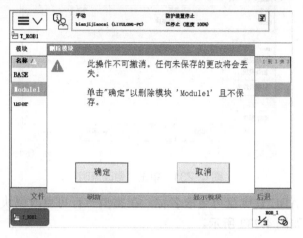

图 4-234　确认删除

# 任务二　管理机器人例行程序

【任务描述】

在了解 RAPID 程序组成的基础上，能够对例行程序进行相关操作，例如例行程序的新建、复制、移动和删除等。

【知识学习】

1. 新建例行程序

1）进入 ABB 主菜单，单击"程序编辑器"，如图 4-220 所示。

2）选择程序模块并进入程序模块，如图 4-235 所示。

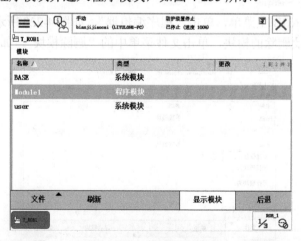

教学视频：例行程序的管理

图 4-235　选择程序模块

3）单击"例行程序"，如图 4-236 所示。

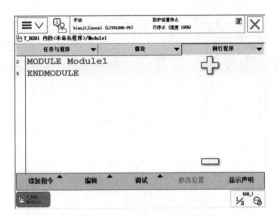

图4-236 单击"例行程序"

4）单击文件菜单中的"新建例行程序"选项，如图4-237所示。

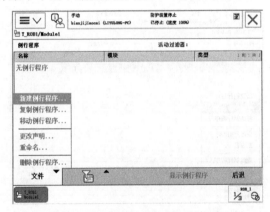

图4-237 单击"新建例行程序"

5）新例行程序将创建并显示默认声明值，可对其名称、类型、参数以及所在模块等进行更改或选择，然后单击"确定"完成创建，如图4-238所示。

图4-238 例行程序创建完成

2. 复制例行程序

1）选择要复制的例行程序，如图4-239所示。

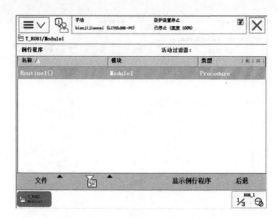

图 4-239　选择要复制的例行程序

2）单击文件菜单中的"复制例行程序"选项，如图 4-240 所示。

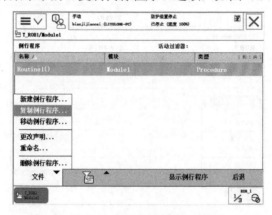

图 4-240　单击"复制例行程序"

3）可修改复制后的例行程序的名称、类型、参数及任务模块等声明，然后单击"确定"，如图 4-241 所示。

图 4-241　确认复制

3. 移动例行程序

1）选择要移动的例行程序，如图 4-242 所示。

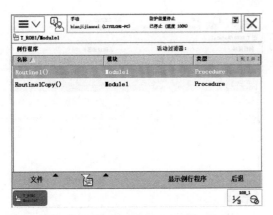

图 4-242 选择要移动的例行程序

2）单击文件菜单中的"移动例行程序"，如图 4-243 所示。

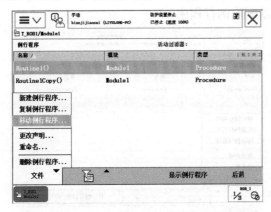

图 4-243 选择"移动例行程序"

3）更改或选择任务与模块，并单击"确定"，完成例行程序的移动，如图 4-244 所示。

图 4-244 完成移动

4. 删除例行程序

1）选择要删除的例行程序，如图 4-245 所示。

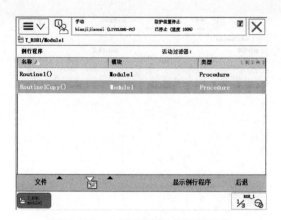

图 4-245　选择要删除的例行程序

2）单击文件菜单中的"删除例行程序"，如图 4-246 所示。然后在对话框中单击"确定"以删除例行程序。

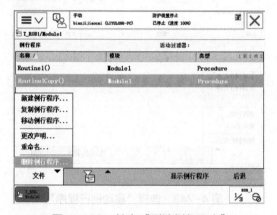

图 4-246　单击"删除例行程序"

# 模块五 机器人系统参数设定及程序管理

## MODULE 5

## 项目一　设定系统参数

【知识点】

◎ ABB 工业机器人系统参数的分类和作用
◎ ABB 工业机器人系统参数的设定

教学视频：查看机器人系统参数

【技能点】

◎ 能够进行机器人系统参数的查看
◎ 能够进行机器人系统参数的管理（编辑、添加、保存和加载）

## 任务一　查看机器人系统参数

【任务描述】

在了解机器人控制面板各项功能的基础上，能够进行查看机器人系统参数的操作。

【知识学习】

机器人系统参数在控制器中根据不同的类型可分为五个主题。同一主题中的所有参数都被存储在一个单独的配置文件中，这样的文件称为 CFG 文件。

查看各个类型的系统参数的步骤如下：

1）进入 ABB 主菜单，单击"控制面板"，如图 5-1 所示。

图5-1 单击"控制面板"

2）单击"配置"，如图5-2所示。

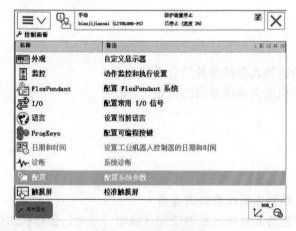

图5-2 单击"配置"

3）进入当前主题I/O System，可以查看其所有参数，如图5-3所示。

图5-3 I/O System显示界面

4）单击主题菜单，可以看到机器人所有的主题选项，如图5-4所示。

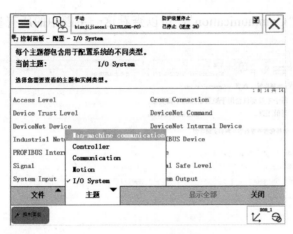

图 5-4 主题选项菜单

5）单击"Man-machine communication"，可以查看这一主题中的所有参数，如图 5-5 所示。

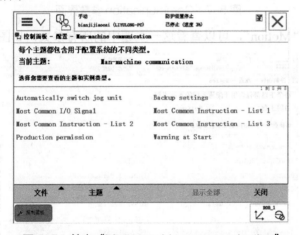

图 5-5 单击"Man-machine communication"

6）单击"Controller"，可以查看这一主题中的所有参数，如图 5-6 所示。

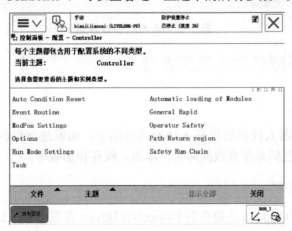

图 5-6 Controller 参数界面

7）单击"Communication"，可以查看这一主题中的所有参数，如图 5-7 所示。

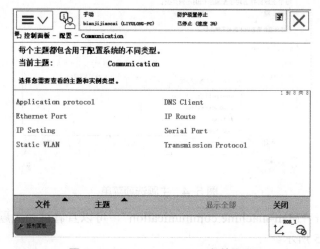

图 5-7　Communication 参数界面

8）单击"Motion"，可以查看这一主题中的所有参数，如图 5-8 所示。

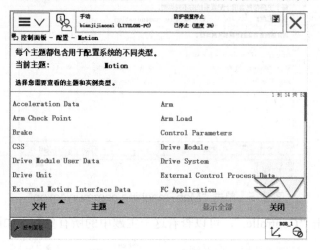

图 5-8　Motion 参数界面

# 任务二　管理机器人系统参数

【任务描述】

在了解机器人控制面板基本功能的基础上，能够进行机器人系统参数的设定与管理，包括系统参数的编辑、添加、保存和加载等。

【知识学习】

下面以 I/O System 主题中的 DeviceNet Device 参数为例，说明如何对其系统参数进行管理操作：

## 1.编辑系统参数

1）单击"DeviceNet Device",然后单击"显示全部",如图5-9所示。

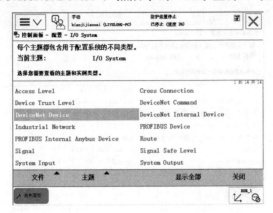

图 5-9 单击"DeviceNet Device"

教学视频：工业机器人系统参数的管理

2）单击参数实例,然后单击"编辑",如图5-10所示。

图 5-10 单击参数实例

3）对需要修改的参数名称或参数值进行双击以更改,编辑值的方法取决于值的数据类型,例如,显示下拉菜单可更改预定义值,如图5-11所示。

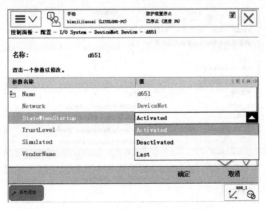

图 5-11 更改参数名称或参数值

## 2. 添加系统参数

1）单击"DeviceNet Device"，然后单击"显示全部"，如图 5-12 所示。

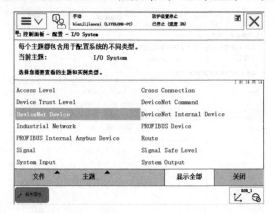

图 5-12　单击"DeviceNet Device"

2）单击"添加"，添加一个系统参数，如图 5-13 所示。

图 5-13　添加系统参数

3）单击下拉菜单，选择要添加的参数，如添加 DSQC652 模块，如图 5-14 所示。

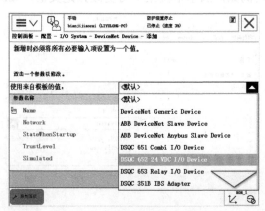

图 5-14　添加 DSQC652 模块

4）若需对相关参数更改，可进行编辑；若不需修改，直接单击"确定"，如图 5-15 所示。

图 5-15　编辑相关参数

5）单击"是"按钮，系统重启后生效，如图 5-16 所示。

图 5-16　重启系统

## 3. 保存系统参数

在对机器人系统进行较大更改时，建议先保存系统参数配置。

1）单击要保存的系统参数，单击文件菜单，如图 5-17 所示。

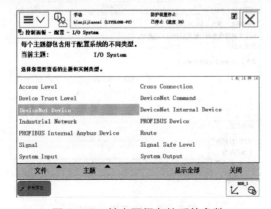

图 5-17　单击要保存的系统参数

2）'EIO'另存为是保存已选主题的参数配置，全部另存为是保存所有主题的参数配置。例如，单击"'EIO'另存为"，如图5-18所示。

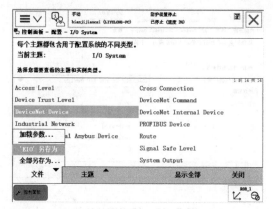

图5-18　单击"'EIO'另存为"

3）选择保存参数配置的目录路径，然后单击"确定"，如图5-19所示。

图5-19　选择保存参数配置的目录路径

## 4.加载系统参数

1）在类型列表中，单击打开文件菜单，如图5-20所示。

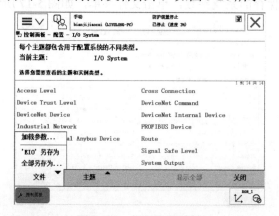

图5-20　打开文件菜单

2）单击"加载参数"，如图 5-21 所示。

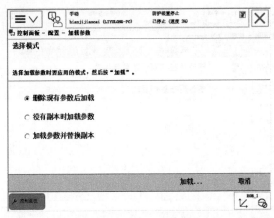

图 5-21 单击"加载参数"

3）选择其中操作之一，然后单击"加载"，如选择"没有副本时加载参数"，如图 5-22 所示。

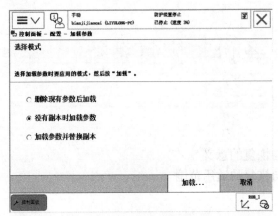

图 5-22 加载参数选项界面

4）选择加载参数的目录路径，然后单击"确定"，如图 5-23 所示。

图 5-23 选择加载参数的目录路径

5）单击"是"按钮，系统重启后才生效，如图 5-24 所示。

图 5-24　单击"是"按钮，重启系统

# 项目二　备份与恢复系统

【知识点】

◎ 系统备份与恢复的意义
◎ 系统备份与恢复的适用范围

【技能点】

◎ 掌握系统备份与恢复的操作方法

【任务描述】

在了解机器人示教器操作面板功能的基础上，能够对机器人系统进行备份与恢复的操作。

【知识学习】

为防止操作人员对机器人系统文件误删除，通常在进行机器人操作前备份机器人系统，备份的对象是所有正在系统内存运行的 RAPID 程序和系统参数。而当机器人系统无法启动或重新安装新系统时，也可利用已备份的系统文件进行恢复，备份系统文件是具有唯一性的，只能将备份文件恢复到原来的机器人系统中去，否则会造成系统故障。

1. 系统备份

1）进入 ABB 主菜单，单击"备份与恢复"，如图 5-25 所示。

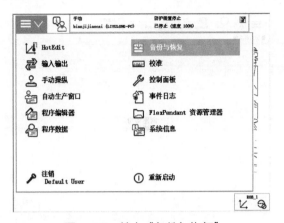

图 5-25 单击"备份与恢复"

教学视频：系统的备份与恢复

2）单击"备份当前系统"，如图 5-26 所示。

图 5-26 单击"备份当前系统"

3）单击"ABC"按钮可设定存放备份系统目录的名称，单击"…"按钮可设定存放目录的位置（机器人硬盘或 USB 存储设备），然后单击"备份"进行系统的备份，如图 5-27 所示。

图 5-27 修改备份系统目录

4）等待备份的完成，界面消失后完成系统备份，如图 5-28 所示。

图 5-28　创建备份

2. 系统恢复

1）进入 ABB 主菜单，单击"备份与恢复"，如图 5-25 所示。

2）单击"恢复系统"，如图 5-29 所示。

图 5-29　单击"恢复系统"

3）单击"…"按钮选择已备份系统的文件夹，并单击"恢复"，如图 5-30 所示。

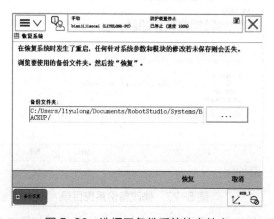

图 5-30　选择已备份系统的文件夹

4）单击"是"按钮，系统会恢复到系统备份时的状态，如图 5-31 所示。

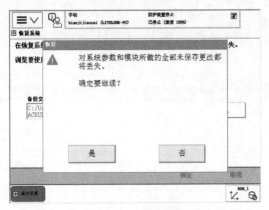

图 5-31　确认恢复系统

5）系统正在恢复，恢复完成后会重新启动控制器，如图 5-32 所示。

图 5-32　恢复系统

# APPENDIX

# 附录 APPENDIX

ABB 工业机器人提供了丰富的 RAPID 程序指令，方便了用户对程序的控制，同时也为复杂应用的实现提供了可能。以下按照 RAPID 程序指令、功能的用途进行了分类，并对每个指令的功能做一说明。

一、程序执行的控制

1. 程序的调用（附表1）

附表1　程序的调用

| 指　　令 | 说　　明 |
|---|---|
| ProcCall | 调用例行程序 |
| CallByVar | 通过带变量的例行程序名称调用例行程序 |
| RETURN | 返回原例行程序 |

2. 例行程序内的逻辑控制指令（附表2）

附表2　逻辑控制指令

| 指　　令 | 说　　明 |
|---|---|
| Compact IF | 如果条件满足，就执行一条指令 |
| IF | 当满足不同的条件时，执行对应的程序 |
| FOR | 根据指定的次数，重复执行对应的程序 |
| WHILE | 如果条件满足，重复执行对应的程序 |
| TEST | 对一个变量进行判断，从而执行不同的程序 |
| GOTO | 跳转到例行程序内标签的位置 |
| Lable | 跳转标签 |

3. 停止程序指令（附表3）

附表3　停止程序指令

| 指　　令 | 说　　明 |
|---|---|
| Stop | 停止程序执行 |
| EXIT | 停止程序执行并禁止在停止处再开始 |
| Break | 临时停止程序的执行，用于手动调试 |
| SystemStopAction | 停止程序执行与机器人运动 |
| ExitCycle | 中止当前程序的运行并将程序指针 PP 复位到主程序的第一条指令。如果选择了程序连续运行模式，程序将从主程序的第一句重新执行 |

## 二、变量指令

变量指令主要用于对数据进行赋值、等待指令、注释指令及程序模块控制指令方面。

### 1. 赋值指令（附表 4）

附表 4　赋值指令

| 指　　令 | 说　　明 |
|---|---|
| := | 对程序数据进行赋值 |

### 2. 等待指令（附表 5）

附表 5　等待指令

| 指　　令 | 说　　明 |
|---|---|
| WaitTime | 等待一个指定的时间，程序再往下执行 |
| WaitUntil | 等待一个条件满足后，程序继续往下执行 |
| WaitDI | 等待一个输入信号状态为设定值 |
| WaitDO | 等待一个输出信号状态为设定值 |

### 3. 程序注释指令（附表 6）

附表 6　程序注释指令

| 指　　令 | 说　　明 |
|---|---|
| comment | 对程序进行注释 |

### 4. 程序模块加载指令（附表 7）

附表 7　程序模块加载指令

| 指　　令 | 说　　明 |
|---|---|
| Load | 从机器人硬盘加载一个程序模块到运行内存 |
| UnLoad | 从运行内存卸载一个程序模块 |
| Start Load | 在程序执行的过程中，加载一个程序模块到运行内存中 |
| Wait Load | 当 Start Load 使用后，使用此指令将程序模块连接到任务中使用 |
| CancelLoad | 取消加载程序模块 |
| CheckProgRef | 检查程序引用 |
| Save | 保存程序模块 |
| EraseModule | 从运行内存删除程序模块 |

### 5. 变量功能指令（附表 8）

附表 8　变量功能指令

| 功　　能 | 说　　明 |
|---|---|
| TryInt | 判断数据是否为有效的整数 |
| OpMode | 读取当前机器人的操作模式 |
| RunMode | 读取当前机器人程序的运行模式 |
| NonMotionMode | 读取程序任务当前是否为无运动的执行模式 |
| Dim | 获取一个数组的维数 |
| Present | 读取带参数例行程序的可选参数值 |

（续）

| 功　　能 | 说　　明 |
|---|---|
| IsPers | 判断一个参数是不是可变量 |
| IsVar | 判断一个参数是不是变量 |

### 6. 转换功能指令（附表 9）

附表 9　转换功能指令

| 指　　令 | 说　　明 |
|---|---|
| StrToByte | 将字符串转换指定格式的字节数据 |
| ByteToStr | 将字节数据转换成字符串 |

## 三、运动设定

### 1. 速度设定功能（附表 10）和速度设定指令（附表 11）

附表 10　速度设定功能

| 功　　能 | 说　　明 |
|---|---|
| MaxRobSpeed | 获取当前型号机器人可实现的最大 TCP 速度 |

附表 11　速度设定指令

| 指　　令 | 说　　明 |
|---|---|
| VelSet | 设定最大的速度与倍率 |
| SpeedRefresh | 更新当前运动的速度倍率 |
| AccSet | 定义机器人的加速度 |
| WorldAccLim | 设定大地坐标中工具与载荷的加速度 |
| PathAccLim | 设定运动路径中 TCP 的加速度 |

### 2. 轴配置管理指令（附表 12）

附表 12　轴配置管理指令

| 指　　令 | 说　　明 |
|---|---|
| ConfJ | 关节运动的轴配置控制 |
| ConfL | 线性运动的轴配置控制 |

### 3. 奇异点的管理指令（附表 13）

附表 13　奇异点的管理指令

| 指　　令 | 说　　明 |
|---|---|
| SingArea | 设定机器人运动时，在奇异点的插补方式 |

### 4. 位置偏移指令（附表 14）和位置偏移功能说明（附表 15）

附表 14　位置偏移指令

| 指　　令 | 说　　明 |
|---|---|
| PDispOn | 激活位置偏置 |
| PDispSet | 激活指定数值的位置偏置 |
| PDispOff | 关闭位置偏置 |
| EOffsOn | 激活外轴偏置 |

（续）

| 指　　令 | 说　　明 |
|---|---|
| EOffsSet | 激活指定数值的外轴偏置 |
| EOffsOff | 关闭外轴位置偏置 |

附表 15　位置偏移功能说明

| 功　　能 | 说　　明 |
|---|---|
| DefDFrame | 通过三个位置数据计算出位置的偏置 |
| DefFrame | 通过六个位置数据计算出位置的偏置 |
| ORobT | 从一个位置数据删除位置偏置 |
| DefAccFrame | 从原始位置和替换位置定义一个框架 |

### 5. 软伺服功能指令（附表 16）

附表 16　软伺服功能指令

| 指　　令 | 说　　明 |
|---|---|
| SoftAct | 激活一个或多个轴的软伺服功能 |
| SoftDeact | 关闭软伺服功能 |

### 6. 机器人参数调整指令（附表 17）

附表 17　机器人参数调整指令

| 指　　令 | 说　　明 |
|---|---|
| TuneServo | 伺服调整 |
| TuneReset | 伺服调整复位 |
| PathResol | 几何路径精度调整 |
| CirPathMode | 在圆弧插补运动时，工具姿态的变换方式 |

### 7. 空间监控管理指令（附表 18）

附表 18　空间监控管理指令

| 指　　令 | 说　　明 |
|---|---|
| WZBoxDef | 定义一个方形的监控空间 |
| WZCylDef | 定义一个圆柱形的监控空间 |
| WZSphDef | 定义一个球形的监控空间 |
| WZHomeJointDef | 定义一个关节轴坐标的监控空间 |
| WZLimJointDef | 定义一个限定为不可进入的关节轴坐标监控空间 |
| WZLimSup | 激活一个监控空间并限定为不可进入 |
| WZDOSet | 激活一个监控空间并与一个输出信号关联 |
| WZEnable | 激活一个临时的监控空间 |
| WZFree | 关闭一个临时的监控空间 |

## 四、运动控制

### 1. 机器人运动指令（附表 19）

附表 19　机器人运动指令

| 指　　令 | 说　　明 |
|---|---|
| MoveC | TCP 圆弧指令 |
| MoveJ | 关节运动 |
| MoveL | TCP 线性运动 |
| MoveAbsJ | 轴绝对角度位置运动 |
| MoveExtJ | 外部直线轴和旋转轴运动 |
| MoveCDO | TCP 圆弧运动的同时触发一个输出信号 |
| MoveJDO | 关节运动的同时触发一个输出信号 |
| MoveLDO | TCP 圆弧运动的同时执行一个输出信号 |
| MoveCSync | TCP 圆弧运动的同时执行一个列行程序 |
| MoveJSync | 关节运动的同时执行一个列行程序 |
| MoveLSync | TCP 线性运动的同时执行一个列行程序 |

### 2. 搜索指令（附表 20）

附表 20　搜索指令

| 指　　令 | 说　　明 |
|---|---|
| SearchC | TCP 圆弧搜索运动 |
| SearchL | TCP 线性搜索运动 |
| SearchExtJ | 外轴搜索运动 |

### 3. 指定位置触发信号与中断指令（附表 21）

附表 21　指定位置触发信号与中断指令

| 指　　令 | 说　　明 |
|---|---|
| TriggIO | 定义触发条件在一个指令的位置触发输出信号 |
| TriggInt | 定义触发条件在一个指令的位置触发中断程序 |
| TriggCheckIO | 定义一个指定的位置进行 I/O 状态的检查 |
| TriggEquip | 定义触发条件在一个指定的位置触发输出信号，并对信号响应的延迟进行补偿设定 |
| TriggRampAO | 定义触发条件在一个指定的位置触发模拟输出信号，并对信号响应的延迟进行补偿设定 |
| TriggC | 带触发事件的圆弧运动 |
| TriggJ | 带触发事件的关节运动 |
| TriggL | 带触发事件的线性运动 |
| TriggLIOs | 在一个指定的位置触发输出信号的线性运动 |
| StepBwdPath | 在 RESTART 的事件程序中进行路径的返回 |
| TriggStopProc | 在系统中创建一个监控处理，用于在 STOP 和 QSTOP 中需要的信号复位和程序数据的复位的操作 |
| TriggSpeed | 定一模拟输出信号与实际 TCP 速度之间的配合 |

### 4. 出错或中断时的运动控制指令（附表 22）和功能说明（附表 23）

附表 22　出错或中断时的运动控制指令

| 指　　令 | 说　　明 |
|---|---|
| StopMove | 停止机器人运动 |
| StartMove | 重新启动机器人运动 |
| StartMoveRetry | 重新启动对机器人运动及相关的参数设定 |
| StopMoveReset | 对停止运动状态复位，但不重新启动机器人运动 |
| StorePath[①] | 存储已生成的最近路径 |
| RestoPath[①] | 重新生成之前存储的路径 |
| ClearPath | 在当前的运动路径级别中，清空整个运动路径 |
| PathLevel | 获得当前路径级别 |
| SyncMoveSuspend[①] | 在 StorePath 的路径级别中暂停同步坐标的运动 |
| SyncMoveResume[①] | 在 StorePath 的路径级别中重返同步坐标的运动 |

①　这些功能需要选项 "Path recovery" 的配合。

附表 23　功能说明

| 功　　能 | 说　　明 |
|---|---|
| IsStopMoveAct | 获取当前停止运动标志符 |

### 5. 外轴的控制指令（附表 24）和外轴控制功能说明（附表 25）

附表 24　外轴的控制指令

| 指　　令 | 说　　明 |
|---|---|
| DeactUnit | 关闭一个外轴单元 |
| ActUnit | 激活一个外轴单元 |
| MechUnitLoad | 定义外轴单元的有效载荷 |

附表 25　外轴控制功能说明

| 功　　能 | 说　　明 |
|---|---|
| GetNextMechUnit | 检查外轴单元在机器人系统中的名字 |
| IsMechUnitActive | 检查一个外轴单元状态是关闭 / 激活 |

### 6. 独立轴控制指令（附表 26）和独立轴控制功能说明（附表 27）

附表 26　独立轴控制指令

| 指　　令 | 说　　明 |
|---|---|
| IndAMove | 将一个轴设定为独立轴模式并进行绝对位置方式运动 |
| IndCMove | 将一个轴设定为独立轴模式并进行连续方式运动 |
| IndDMove | 将一个轴设定为独立轴模式并进行角度方式运动 |
| IndRMove | 将一个轴设定为独立轴模式并进行相对位置方式运动 |
| IndReset | 取消独立轴模式 |

注：这些功能需要选项 "Independent movement" 的配合。

附表 27　独立轴控制功能说明

| 功　　能 | 说　　明 |
|---|---|
| IndInpos | 检查独立轴是否已达到指定位置 |
| IndSpeed | 检查独立轴是否已达到指定的速度 |

注：这些功能需要选项"Independent movement"的配合。

### 7. 路径修正功能（附表 28）和路径修正功能说明（附表 29）

附表 28　路径修正功能

| 指　　令 | 说　　明 |
|---|---|
| CorrCon | 连接一个路径修正生成器 |
| CorrWrite | 将路径坐标系统中的修正值写到修正生成器 |
| CorrDiscon | 断开一个已连接的路径修正生成器 |
| CorrClear | 取消所有已连接的路径修正生成器 |

注：这些功能需要选项"Path offset or RobotWarc-Arc sensor"的配合。

附表 29　路径修正功能说明

| 功　　能 | 说　　明 |
|---|---|
| CorrRead | 读取所有已连接的路径修正生成器的总修正值 |

### 8. 路径记录指令（附表 30）和路径记录功能说明（附表 31）

附表 30　路径记录指令

| 指　　令 | 说　　明 |
|---|---|
| PathRecStart | 开始记录机器人的路径 |
| PathRecStop | 停止记录机器人的路径 |
| PathRecMoveBwd | 机器人根据记录的路径做后退运动 |
| PathRecMoveFwd | 机器人运动到执行 PathRecMoveBwd 这个指令的位置上 |

注：这些功能需要选项"Path recovery"的配合。

附表 31　路径记录功能说明

| 功　　能 | 说　　明 |
|---|---|
| PathRecValidBwd | 检查是否已激活路径记录和是否有可后退的路径 |
| PathRecValidFwd | 检查是否有可向前的记录路径 |

注：这些功能需要选项"Path recovery"的配合。

### 9. 输出链跟踪功能指令（附表 32）

附表 32　输出链跟踪功能指令

| 指　　令 | 说　　明 |
|---|---|
| WaitWObj | 等待输送链上的工件坐标 |
| DropWObj | 放弃输送链上的工件坐标 |

注：这些功能需要选项"Conveyor tracking"的配合。

### 10. 传感器同步功能指令（附表 33）

附表 33　传感器同步功能指令

| 指　　令 | 说　　明 |
|---|---|
| WaitSensor | 将一个在开始窗口的对象与传感器设备关联起来 |
| SyncToSensor | 开始 / 停止机器人与传感器设备的运动同步 |
| DropSensor | 断开当前对象的连接 |

注：这些功能需要选项"Sensor synchronization"的配合。

### 11. 有效载荷与碰撞检测指令（附表 34）

附表 34　有效载荷与碰撞检测指令

| 指　　令 | 说　　明 |
|---|---|
| MotionSup[①] | 激活 / 关闭运动监控 |
| LoadId | 工具或有效载荷的识别 |
| ManLoadId | 外轴有效载荷的识别 |

① 此功能需要选项"Collision detection"的配合。

### 12. 关于位置的指令（附表 35）

附表 35　关于位置的指令

| 功　　能 | 说　　明 |
|---|---|
| Offs | 对机器人位置进行偏移 |
| RelTool | 对工具的位置和姿态进行偏移 |
| CalcRobT | 从 jointtargrt 计算出 robtarget |
| CPos | 读取机器人当前的 X、Y、Z |
| CRobT | 读取机器人当前的 robtarget |
| CJointT | 读取机器人当前的关节轴角度 |
| ReadMotor | 读取轴电动机当前的角度 |
| CTool | 读取工具坐标当前的数据 |
| CWObj | 读取工件坐标当前的数据 |
| MirpoS | 镜像一个位置 |
| CalcJointT | 从 robtarget 计算出 jointtargrt |
| Distance | 计算两个位置的距离 |
| PFRestart | 检查当路径因电源关闭而中断的时候 |
| CSpeedOverride | 读取当前使用的速度倍率 |

## 五、输入 / 输出信号的处理

机器人可以在程序中对输入 / 输出信号进行读取与赋值，以实现程序控制的需要。

### 1. 对输入 / 输出信号的值进行设定的指令（附表 36）

附表 36　对输入 / 输出信号的值进行设定的指令

| 指　　令 | 说　　明 |
|---|---|
| InvertDO | 转化数字信号输出信号值 |
| PulseDO | 数字输出信号进行脉冲输出 |
| Reset | 将数字输出信号置为 0 |
| Set | 将数字输出信号置为 1 |

（续）

| 指　　　令 | 说　　　明 |
|---|---|
| SetAO | 设定模拟输出信号的值 |
| SetDO | 设定数字输出信号的值 |
| SetGO | 设定组输出信号的值 |

### 2. 读取输入/输出信号值功能说明（附表37）和等待信号指令（附表38）

附表37　读取输入/输出信号值功能说明

| 功　　　能 | 说　　　明 |
|---|---|
| AOutput | 读取模拟输出信号的当前值 |
| DOutput | 读取数字输出信号的当前值 |
| GOutput | 读取组输出信号的当前值 |
| TestDI | 检查一个数字输入信号已置 1 |
| ValidIO | 检查 I/O 信号是否有效 |

附表38　等待信号指令

| 指　　　令 | 说　　　明 |
|---|---|
| WaitDI | 等待一个数字输入信号的指定状态 |
| WaitDO | 等待一个数字输出信号的指定状态 |
| WaitGI | 等待一个组输入信号的指定状态 |
| WaitGO | 等待一个组输出信号的指定状态 |
| WaitAI | 等待一个模拟输入信号的指定状态 |
| WaitAO | 等待一个模拟输出信号的指定状态 |

### 3. I/O 模块的控制指令（附表39）

附表39　I/O 模块的控制指令

| 指　　　令 | 说　　　明 |
|---|---|
| IODisable | 关闭一个 I/O 模块 |
| IOEnable | 开启一个 I/O 模块 |

## 六、通信功能

### 1. 示教器上人机界面的功能指令（附表40）

附表40　示教器上人机界面的功能指令

| 指　　　令 | 说　　　明 |
|---|---|
| TPErase | 清屏 |
| TPWrite | 在示教器操作界面上写信息 |
| ErrWrite | 在示教器事件日志中写报警信息并存储 |
| TPReadFK | 互动的功能键操作 |
| TPReadNum | 互动的数字键盘操作 |
| TPShow | 通过 RAPID 程序打开指定的窗口 |

### 2. 通过串口进行读写的指令（附表41）和串口读写功能介绍（附表42）

附表 41　通过串口进行读写的指令

| 指　　令 | 说　　明 |
|---|---|
| Open | 打开串口 |
| Write | 对串口进行写文本操作 |
| Close | 关闭串口 |
| WriteBin | 写一个二进制数的操作 |
| WriteAnyBin | 写任意二进制数的操作 |
| WriteStrBin | 写字符的操作 |
| Rewind | 设定文件开始的位置 |
| ClearIOBuff | 清空串口的输入缓冲 |
| ReadAnyBin | 从串口读取任意的二进制数 |

附表 42　串口读写功能介绍

| 功　　能 | 说　　明 |
|---|---|
| ReadNum | 读取数字量 |
| ReadStr | 读取字符串 |
| ReadBin | 从二进制串口读取数据 |
| ReadStrBin | 从二进制串口读取字符串 |

### 3.Sockets 通信指令（附表 43）和 Sockets 通信功能说明（附表 44）

附表 43　Sockets 通信指令

| 指　　令 | 说　　明 |
|---|---|
| SocketCreate | 创建新的 Socket |
| SocketConnect | 连接远程计算机 |
| SocketSend | 发送数据到远程计算机 |
| SocketReceive | 从远程计算机接收数据 |
| SocketClose | 关闭 Socket |

附表 44　Sockets 通信功能说明

| 功　　能 | 说　　明 |
|---|---|
| SocketGetStatus | 获取当前 Socket 状态 |

## 七、中断程序

### 1. 中断设定指令（附表 45）

附表 45　中断设定指令

| 指　　令 | 说　　明 |
|---|---|
| CONNECT | 连接一个中断符号到中断程序 |
| ISignalDI | 使用一个数字输入信号触发中断 |
| ISignalDO | 使用一个数字输出信号触发中断 |
| ISignalGI | 使用一个组输入信号触发中断 |
| ISignalGO | 使用一个组输出信号触发中断 |
| ISignalAI | 使用一个模拟输入信号触发中断 |
| ISignalAO | 使用一个模拟输出信号触发中断 |

（续）

| 指　令 | 说　明 |
|---|---|
| ITimer | 计时中断 |
| TriggInt | 在一个指定的位置触发中断 |
| IPers | 使用一个可变量触发中断 |
| IError | 当一个错误发生时触发中断 |
| IDelete | 取消中断 |

### 2. 中断的控制指令（附表 46）

附表 46　中断的控制指令

| 指　令 | 说　明 |
|---|---|
| ISleep | 关闭一个中断 |
| IWatch | 激活一个中断 |
| IDisable | 关闭所有中断 |
| IEnable | 激活所有中断 |

## 八、系统相关的指令

时间控制指令（附表 47）和时间控制功能说明（附表 48）

附表 47　时间控制指令

| 指　令 | 说　明 |
|---|---|
| CIKReset | 计时器复位 |
| CIKStart | 计时器开始计时 |
| CIKStop | 计时器停止计时 |

附表 48　时间控制功能说明

| 功　能 | 说　明 |
|---|---|
| CIKRead | 读取计时器数值 |
| CDate | 读取当前日期 |
| CTime | 读取当前时间 |
| GetTime | 读取当前时间为数字型数据 |

## 九、数学运算

### 1. 简单运算指令（附表 49）

附表 49　简单运算指令

| 指　令 | 说　明 |
|---|---|
| CIear | 清空数值 |
| Add | 加或减操作 |
| Incr | 加 1 操作 |
| Decr | 减 1 操作 |

## 2. 算术功能说明（附表 50）

附表 50　算术功能说明

| 功　能 | 说　明 |
|---|---|
| Abs | 取绝对值 |
| Round | 四舍五入 |
| Trunc | 舍位操作 |
| Sqrt | 计算二次根 |
| Exp | 计算指数值 |
| Pow | 计算指数值 |
| ACos | 计算圆弧余弦值 |
| ASin | 计算圆弧正切值 |
| ATan | 计算圆弧正切值【-90，90】 |
| ATan2 | 计算圆弧正切值【-180，180】 |
| Cos | 计算余弦值 |
| Sin | 计算正弦值 |
| Tan | 计算正切值 |
| EulerZYX | 从姿态计算欧拉角 |
| OrientZYX | 从欧拉角计算姿态 |

# 参 考 文 献

[1] 叶晖，管小清 . 工业机器人实操与应用技巧 [M]. 北京：机械工业出版社，2010.

[2] 叶晖 . 工业机器人典型应用案例精析 [M]. 北京：机械工业出版社，2013.

[3] 胡伟 . 工业机器人行业应用实训教程 [M]. 北京：机械工业出版社，2015.